HANDDRAWN SCHEME REPRESENTATION

高等职业教育艺术设计类课程规划教材
中国特色高水平高职学校项目建设成果

手绘方案 表现

韩露枫 吴 笛 郭 琦 主 编
唐 锐 王 蕾 于鹏杰 副主编

大连理工大学出版社

图书在版编目(CIP)数据

手绘方案表现 / 韩露枫，吴笛，郭琦主编．-- 大连：
大连理工大学出版社，2024.8
ISBN 978-7-5685-4713-0

Ⅰ．①手… Ⅱ．①韩… ②吴… ③郭… Ⅲ．①室内装
饰设计—绘画技法 Ⅳ．① TU204.11

中国国家版本馆 CIP 数据核字 (2023) 第 198052 号

大连理工大学出版社出版
地址：大连市软件园路80号　　　　邮政编码：116023
发行：0411-84708842　　邮购：0411-84708943　　传真：0411-84701466
E-mail：dutp@dutp.cn　　　　　　　　URL：https://www.dutp.cn
大连天骄彩色印刷有限公司印刷　　　　大连理工大学出版社发行

| 幅面尺寸：240mm×225mm | 印张：22 | 字数：426千字 |
| 2024年8月第1版 | | 2024年8月第1次印刷 |

责任编辑：马　双　　　　　　　　　　　责任校对：李　红
封面设计：对岸书影

ISBN 978-7-5685-4713-0　　　　　　　　定　价：78.80 元

本书如有印装质量问题，请与我社发行部联系更换。

编写
说明
Introduction

中国特色高水平高职学校和专业建设计划（简称"双高计划"）是我国为建设一批引领改革、支撑发展、中国特色、世界水平的高等职业学校和骨干专业（群）的重大决策建设工程。哈尔滨职业技术大学入选"双高计划"建设单位，对学院中国特色高水平学校建设进行顶层设计，编制了站位高端、理念领先的建设方案和任务书，并扎实开展了人才培养高地、特色专业群、高水平师资队伍与校企合作等项目建设，借鉴国际先进的教育教学理念，开发中国特色、国际水准的专业标准与规范，深入推动"三教改革"，组建模块化教学创新团队，实施"课程思政"，开展"课堂革命"，校企双元开发活页式、工作手册式、新形态教材。为适应智能时代先进教学手段应用，学校加大优质在线资源的建设，丰富教材的信息化载体，为以开发工作过程为导向的优质特色教材奠定基础。

按照教育部印发的《职业院校教材管理办法》要求，教材编写总体思路是：依据学校双高建设方案中教材建设规划、国家相关专业教学标准、专业相关职业标准及职业技能等级标准，服务学生成长成才和就业创业，以立德树人为根本任务，融入课程思政，对接相关产业发展需求，将企业应用的新技术、新工艺和新规范融入教材之中。教材编写遵循技术技能人才成长规律和学生认知特点，适应相关专业人才培养模式创新和课程体系优化的需要，注重以真实生产项目、典型工作任务及典型工作案例等为载体开发教材内容体系，实现理论与实践有机融合。

本套教材是哈尔滨职业技术大学中国特色高水平高职学校项目建设的重要成果之一，也是哈尔滨职业技术大学教材建设和教法改革成效的集中体现，教材体例新颖，具有以下特色：

第一，教材研发团队组建创新。按照学校教材建设统一要求，遴选教学经验丰富、课程改革成效突出的专业教师担任主编，选取了行业内具有一定知名度的企业作为联合建设单位，形成了一支学校、行业、企业和教育领域高水平专业人才参与的开发团队，共同参与教材编写。

第二，教材内容整体构建创新。精准对接国家专业教学标准、职业标准、职业技能等级标准确定教材内容体系，参照行业企业标准，有机融入新技术、新工艺、新规范，构建基于职业岗位工作需要的体现真实工作任务、流程的内容体系。

第三，教材编写模式形式创新。与课程改革相配套，按照"工作过程系统化""项目＋任务式""任务驱动式""CDIO 式"四类课程改革需要设计四大教材编写模式，创新新形态、活页式及工作手册式教材三大编写形式。

第四，教材编写实施载体创新。依据本专业教学标准和人才培养方案要求，在深入企业调研、岗位工作任务和职业能力分析基础上，按照"做中学、做中教"的编写思路，以企业典型工作任务为载体进行教学内容设计，将企业真实工作任务、真实业务流程、真实生产过程纳入教材之中。并开发了教学内容配套的教学资源，满足教师线上线下混合式教学的需要，本教材配套资源同时在相关平台上线，可随时下载相应资源，满足学生在线自主学习课程的需要。

第五，教材评价体系构建创新。从培养学生良好的职业道德、综合职业能力与创新创业能力出发，设计并构建评价体系，注重过程考核和学生、教师、企业等参与的多元评价，在学生技能评价上借助社会评价组织的 1+X 考核评价标准和成绩认定结果进行学分认定，每部教材均根据专业特点设计了综合评价标准。

为确保教材质量，学院组建了中国特色高水平高职学校项目建设系列教材编审委员会，教材编审委员会由职业教育专家和企业技术专家组成。学校组织了专业与课程专题研究组，对教材持续进行培训、指导、回访等跟踪服务，有常态化质量监控机制，能够为修订完善教材提供稳定支持，确保教材的质量。

本套教材是在学校骨干院校教材建设的基础上，经过几轮修订，融入课程思政内容和课堂革命理念，既具积累之深厚，又具改革之创新，凝聚了校企合作编写团队的集体智慧。本套教材的出版，充分展示了课程改革成果，为更好地推进中国特色高水平高职学校项目建设做出积极贡献！

哈尔滨职业技术大学

中国特色高水平高职学校项目建设系列教材编审委员会

2024 年 8 月

前言
Preface

　　本书旨在通过"手绘方案表现"课程的教学，强化学生的实践操作能力，采用项目导向、任务引领型教学模式，激发学生的学习兴趣。本书坚持以学生为中心，强调"教"与"学"的双向互动，整体框架围绕实际项目构建工作任务，实现"教、学、做"的深度融合。全书共分为六个项目，从家居空间起步，逐步拓展至更广泛的空间设计领域，项目设计遵循由浅入深、由易到难的原则，逐步推进，符合职业成长的规律，全面培养学生的专业核心素质与能力。

　　本书汇聚了作者多年的室内设计手绘与快速技法教学经验，并联合国内装饰装修行业的知名企业，共同呈现项目案例。内容涵盖手绘实际案例、景观建筑表现、设计创意表达等多个专业领域，形式丰富，图文并茂，并附有步骤演示视频，既可供学习观摩，也可作为创作参考。书中还关联了手绘方案表现相关技能及 iPad 结合 Procreate 软件的数码手绘技法学习，助力设计师迅速掌握手绘技巧并有效应用于实际工作中。本书由哈尔滨职业技术大学艺术与设计学院院长栾强担任主审，哈尔滨职业技术大学韩露枫、吴笛和哈尔滨市工人文化宫教育培训部郭琦担任主编，哈尔滨职业技术大学唐锐、王蕾和矩阵纵横设计股份有限公司总负责人兼人居地产中心总经理 / 合伙人于鹏杰担任副主编。具体编写分工如下：韩露枫负责项目 1（任务 1）、项目 2、项目 3；王蕾负责项目 1（任务 2）、项目 4（任务 1）；唐锐负责项目 4（任务 2、任务 3）；郭琦负责项目 5；吴笛负责项目 6；于鹏杰则负责项目支持与设计指导。

书中插图多为编者根据真实项目中的平面图、立面图及实景照片精心绘制的效果图。部分实际项目及其实景图片由矩阵纵横设计股份有限公司提供，其优秀的作品为本书增色不少，在此特向该企业表示诚挚的谢意。

尽管本书是编者基于多年的教学经验精心编撰，但受限于个人能力，书中难免存在不足之处，尤其部分图片为徒手绘制，可能存在不够严谨之处。我们衷心欢迎各位读者朋友提出宝贵意见，以便我们不断改进和完善。

在编写本教材的过程中，编者参考、引用和改编了国内外出版物中的相关资料以及网络资源，在此表示深深的谢意！相关著作权人看到本教材后，请与出版社联系，出版社将按照相关法律的规定支付稿酬。

编 者

2024 年 8 月

所有意见和建议请发往：dutpgz@163.com

欢迎访问职教数字化服务平台：https://www.dutp.cn/sve/

联系电话：0411-84707492 84706671

目录
Contents

项目 1 优秀室内外空间设计剖析 / 1

任务1 认识手绘方案表现图 ………………………………………………… 3
任务2 临摹手绘方案表现图 ………………………………………………… 19

项目 2 室内小空间家居方案设计 / 34

任务1 单体家具及陈设表现 ………………………………………………… 36
任务2 透视效果图表现 ……………………………………………………… 54
任务3 组合家具造型设计表现 ……………………………………………… 71

项目 3 室内大空间方案设计 / 86

任务1 客厅设计表现 ………………………………………………………… 88
任务2 书房设计表现 ………………………………………………………… 103
任务3 餐饮空间设计表现 …………………………………………………… 110
任务4 办公空间设计表现 …………………………………………………… 127

项目 4 室内平面布局设计及方案材质表现 /144

任务1 平面布置图绘制 ……………………………………………………… 146
任务2 立面图绘制 …………………………………………………………… 153
任务3 设计方案材质表现 …………………………………………………… 160

项目 5 建筑及室外空间方案设计 / 168

任务1 别墅建筑内部空间设计表现 ················· 170
任务2 建筑外观表现 ················· 177
任务3 景观小品及环境表现 ················· 186

项目 6 公共空间方案设计 / 202

任务1 会所空间设计表现 ················· 204
任务2 营销中心空间设计表现 ················· 226
任务3 文化空间表现 ················· 239

本书微课视频列表

序 号	章节	视频名称	页 码
1	项目1 优秀室内外空间设计剖析	学习手绘表现图	4
2		手绘方案表现效果图（上）	8
3		手绘方案表现效果图（下）	8
4		掌握手绘方案表现常用工具及使用方法	20
5	项目2 室内小空间家居方案设计	线条与体块表现	40
6		抱枕及灯具表现	42
7		椅体家具表现	44
8		沙发家具表现	47
9		床体家具表现	49
10		柜体家具表现	50
11		陈设品组合表现	73
12	项目3 室内大空间方案设计	彩铅技法上色技巧	93
13		彩铅技法绘制客厅表现	95
14		彩铅技法绘制书房表现	104
15		彩铅技法绘制餐饮空间表现	114
16		彩铅技法绘制办公空间表现	131
17	项目4 室内平面布局设计及方案材质表现	平面布置图绘制	150
18		立面图绘制	155
19		马克笔绘制木纹材质表现	161
20		马克笔绘制大理石材质表现	161
21		马克笔绘制玻璃材质表现	163

手绘方案表现

2

序　号	章节	视频名称	页　码
22		彩铅技法绘制书房表现	171
23		别墅卧室表现（上）	173
24		别墅卧室表现（下）	173
25		建筑外观表现（上）	181
26	项目5 建筑及室外空间方案设计	建筑外观表现（下）	181
27		景观环境表现（上）	189
28		景观环境表现（下）	189
29		景观小品表现	193
30		建筑中庭马克笔技法（上）	194
31		建筑中庭马克笔技法（下）	194
32		iPad Procreate数码手绘线条及体块技法	217
33		iPad Procreate数码手绘室内局部空间（上）	218
34		iPad Procreate数码手绘室内局部空间（下）	218
35		iPad Procreate数码手绘室内整体空间（上）	227
36		iPad Procreate数码手绘室内整体空间（下）	227
37	项目6 公共空间方案设计	iPad Procreate数码手绘住宅表现（上）	229
38		iPad Procreate数码手绘住宅表现（下）	229
39		iPad Procreate 会所设计表现（上）	242
40		iPad Procreate 会所设计表现（下）	242
41		iPad Procreate儿童乐园设计表现（上）	243
42		iPad Procreate儿童乐园设计表现（下）	243

项目1

优秀室内外空间
设计剖析

项目导入

　　本项目引入企业设计推出的真实设计案例 --- 沈阳华润昭华里某客厅室内空间设计图，通过分析再现该案例的设计过程，学会认识手绘方案表现图、临摹室内外空间手绘方案表现图等环节，树立品牌意识和追求卓越的工匠精神。

学习目标

知识目标	1. 能够分析优秀室内外空间设计，明确手绘方案表现图的学习方法。
	2. 能够根据手绘方案表现图案例，区别手绘方案表现材料。
	3. 能够根据手绘方案表现图案例，运用绘图工具。
能力目标	1. 能够分析并理解手绘方案表现图设计流程。
	2. 能够使用适当的方法确定手绘方案图表现方案。
	3. 能够运用针管笔临摹勾画出手绘方案表现图。
素养目标	1. 遵循职业道德与国家职业技能标准，遵守制图规范标准。
	2. 能够根据设计项目，树立品牌意识，重视设计内涵。
	3. 具备合作交流意识，具备创新意识和创新能力。

项目实施

任务1
认识手绘方案表现图

▼ 任务描述

本任务所选的案例为企业设计的沈阳华润昭华里客厅实景图（图1-1-1），沈阳华润昭华里，位于沈阳市南白塔河二路，交通便捷，周边居住氛围浓厚。设计师从现代人居理念出发，在东方惯常的留白风格之中，融入西方简而不杂的元素，倾力打造一所生活化、自然感及艺术性三位一体的宅居。

图1-1-1　沈阳华润昭华里客厅实景图

该案例客厅的设计格律大而简，注重色彩的变化，石材的选择，摆设与软陈的排列，这些设计内涵都在践行着"繁而不杂"的生活美学。在设计之初要运用线条的变化去塑造立体的、形象的空间氛围。

▼ 任务解析

手绘方案表现图的完成，要通过完成该案例中手绘方案表现图的学习方法、手绘方案表现图的设计要点，推导完成本项目手绘方案表现图。通过分析沈阳华润昭华里客厅实景图设计过程，学会空间手绘表现图的绘制方法，掌握从铅笔线稿的阶段临摹到用线描的形式勾线的绘制步骤，完成手绘方案表现图。

▼ 知识链接

一、手绘方案表现图

（一）手绘方案表现图的概念

手绘方案表现图是设计师对设计意图进行艺术构思与表现的第一步；是最直观的图形语

言，是用以反映、交流、传递设计创意的符号载体，具有自由、快速、概括的特点。目前国内进行竞标的方案或展览的设计作品大多是计算机绘制的精美效果图，设计师亲笔绘制的意念图、构思草图、完善草图等设计概念产生和发展的推导过程往往被忽视。但正是这些最原始的具有创新思维意识的思考文件才真正地体现设计思维。手绘方案表现图如图 1-1-2 所示，手绘方案表现图概念介绍可以扫描二维码观看。

图 1-1-2 手绘方案表现图

微课视频

学习手绘表现图

（二）手绘方案表现图的变革

数字时代的到来，对手绘方案表现图提出了新的要求。要求其不仅要表达准确而且要成图迅速。具体表现在由使用复杂的工具、精细的刻画向使用简便的工具、高效的表达转变。也就是说由用喷绘、水彩、水粉的长时间精致刻画转向应用马克笔、彩色铅笔等工具。设计表现图的绘图工具更为规范和有效。

手绘方案表现图主要是培养设计师在较短的时间内运用手绘方式将设计意图表达出来的能力。在此基础上，掌握设计的造型能力和精益求精的表现技能，为将来从事室内设计师、产品造型设计师、园林设计师、设计师助理等相关工作奠定良好的基础。它对于设计师的重要性，可以借用《美国建筑》书中的一句话来概括，"建筑绘画表现图是发展思维和记录思想火花的主要工具。无论你用哪种笔来画：铅笔、毛笔或毡笔，建筑师们都可以通过这个过程，使其思路逐渐清晰和集中。一个想法被接受与否，在很大程度上取决于建筑师有效地绘制草图的能力。"某图书馆、客厅手绘方案表现图如图 1-1-3、图 1-1-4 所示。

图 1-1-3 某图书馆手绘方案表现图

图 1-1-4 某客厅手绘方案表现图参考图

（三）手绘方案表现图的作用

手绘方案表现图作为一种视觉表现形式，不仅具备表达设计思想的功能，还具有很强的艺术感染力，使设计师能够在设计理性与艺术自由之间任意遨游。另外，在实际工作中工具使用准确、规范、高效的手绘方案表现图作为与业主、施工人员、同行进行沟通的手段，也是最为便利与有效的。同时在整个设计过程中，手绘方案表现图是最直接地表达设计师思想的方法，它对设计方案的不断推敲与完善也起着不可替代的作用。

某酒店客房手绘方案表现图如图 1-1-5 所示。

图 1-1-5 某酒店客房手绘方案表现图

手绘方案表现图是设计师用来表达设计意图、传达设计理念的手段，在室内外装饰设计过程中，它既是一种设计语言，又是设计的组成部分，是从意到图的设计构思与设计实践的升华。手绘方案表现图包括了室内外速写，空间形态的概念图解，室内空间的平面图、立面图与剖面图，规划局部空间与平面，室内外空间设计创作发展意向的透视图等等。

　　某住宅客房手绘方案表现图如图 1-1-6 所示。手绘方案表现图绘制过程的步骤可以扫描二维码观看。

手绘方案表现效果图

图 1-1-6 某住宅客房手绘方案表现图

手绘方案表现图是设计师与非专业人员沟通最好的媒介，对决策起到一定的作用。因此，它是设计师艺术地、完整地表达设计思想的最直接有效的方法，也是判断设计师精益求精精神和设计水准最直接的依据。近年来随着现代科技的发展，运用电脑辅助手段绘制较多一些，但从艺术效果上看，远远不如手绘效果图生动。另外，考取中国室内装饰设计师资格证书的国家职业能力标准（征求意见稿）中指明：其中，三级／高级工、二级／技师、一级／高级技师的技能要求与相关知识要求手绘草图表现为必备技能点。室外景观手绘方案表现图参考图如图1-1-7所示。

图 1-1-7 室外景观手绘方案表现图参考图

二、手绘方案表现图的学习方法

（一）临摹

临摹是提高手绘方案表现技能的有效方法。手绘从灵感出发，练习初期可以适当临摹，并且要坚持从表达设计灵感开始练习。为此，必须把提高自身的专业理论知识和文化艺术修养、培养创造思维和深刻的理解能力作为重要的训练目的贯穿学习的始终。优秀的设计师作品、优秀的效果图其制作的目的是感悟空间，加深对空间的印象，设计师要学习其表现技巧，提高表达能力，重意识、深研究、熟工具、创新手绘技法。所以"新手上路"需要临摹一些优秀的手绘作品。很多优秀的设计师也是从这一步开始的，通过临摹，掌握手绘的一些基础知识并快速地提升手绘技能，总结对手绘的理解，从而形成独特的手绘表达方式。临和摹的区别在于，临是完全地按照已有的画面去表现，而摹是描画，先理解再去表现，精雕细琢、提炼升华、这样手绘出来的画面更加生动，最好的方法是写生实景照片或图片。样板间实景如图 1-1-8 所示，临摹样板间手绘方案表现图如图 1-1-9 所示。

图 1-1-8 样板间实景 　　　　　　　　　　　图 1-1-9 临摹样板间手绘方案表现图

（二）创作

经过一段时间的积累，学生对手绘方案表现的方法已经有了一定的了解，可以进行方案的设计和手绘效果图的创作，这个过程相对来说有一定的难度，需要克服困难、解决创作遇到的瓶颈；梳理学习方法，发挥创造性思维，触类旁通，把前面临摹积累的素材和掌握的技法进行综合应用，经常练习。所谓养兵千日，用兵一时，相信长期坚持不懈的练习定能让笔下生辉，将设计意图完美呈现。手绘方案表现图如图 1-1-10～ 图 1-1-12 所示。

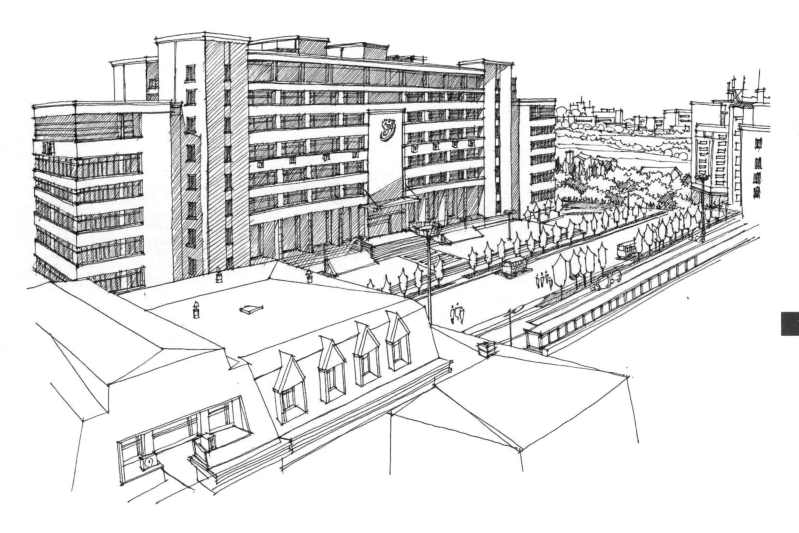

图 1-1-10 校园景观手绘方案表现图 -1

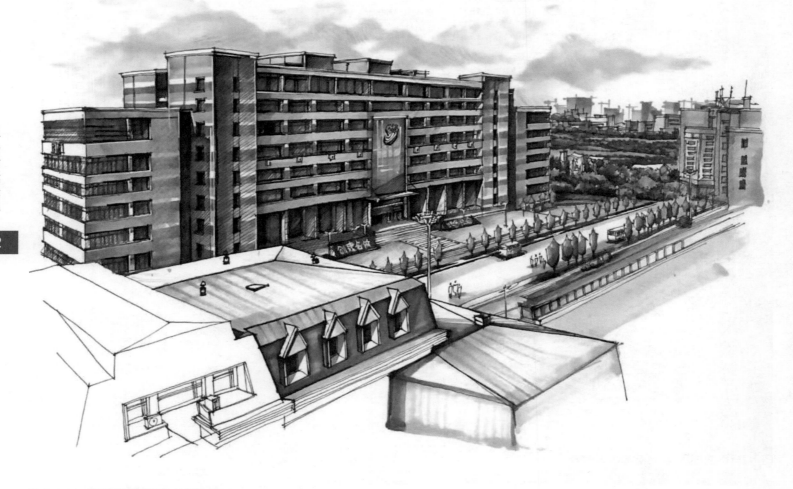

图 1-1-11 校园景观手绘方案表现图 -2

图 1-1-12 创作景观小品手绘方案表现图

（三）应用

手绘方案表现图是设计师专业技能的体现，在工作中可以通过手绘更好地与客户沟通。经过前面的学习，最后一个阶段也是最重要的阶段就是把手绘应用到工作中。设计是严谨的，练习中应科学把握位置、大小、比例、透视、色彩搭配、场景气氛等，因而，需要掌握透视规律，并应用其法则处理好各种造型，使画面的形体结构准确、真实、严谨、稳定，并且用规范的手绘形式让客户了解创意的设计方案及空间效果。售楼处样板间、售楼处餐厅手绘方案表现图参考图如图 1-1-13 、图 1-1-14 所示。

图 1-1-13 售楼处样板间手绘方案表现图

图 1-1-14 售楼处餐厅手绘方案表现图

三、手绘方案表现设计创作注意事项

（一）手绘方案表现图设计创作过程中注意绘制方法要规范

1. 风格

不同的工具和不同的技法呈现的效果是不同的，根据设计内容选择最恰当的表现工具和技法，有利于突出主题。比如：与施工人员沟通方案时，绘制设计细节，多采用钢笔线描技法画草图的形式表现；与甲方、同行沟通设计方案时，较多采用钢笔线描技法结合彩色铅笔或马克笔的技法表现，表现效果直观、具备色彩的完整性。

2. 构图

根据设计内容所呈现的特点和要表达的特色，在手绘方案表现时选择有力的构图方式。可以从视觉效果上体现平稳或动感、和谐或冲突、秩序或纷杂、柔和或刚硬等各种感受。比如：体现场景中可以根据重点表现内容，选择仰视角的构图形式，俯视角的构图形式或水平视角的构图形式等。

3. 笔法与笔触

无论是钢笔线描还是运用彩色铅笔或马克笔着色，都有不同的笔触的运用，是刚硬还是柔和，是疏还是密，力度是轻还是重，都会使画面产生节奏和韵律的变化，以及风格特征的变化。另外，如果使用水溶性彩色铅笔还可以将笔触溶于水，产生特殊的艺术化效果。马克笔宽笔头的一侧，通过旋转宽笔头的角度，控制笔触的粗细程度及虚实的绘画效果。仔细研究笔法与笔触，可以创造出独树一帜的绘制技巧。

4. 色彩

不同的色相、纯度、明度，不同的冷暖倾向，对比与色调的关系处理等都会影响整个手绘方案表现图画面的表达，选择何种色调根据设计的内容而定。如果是淡雅、简约的设计风格，多选用统一色调的暖色系表达，如果是重金属的工业设计风格，则多用浓重的对比色或互补色进行表达。要触类旁通地鉴别不同风格，同时提升设计中色彩的运用能力。

5. 元素

手绘方案表现图表现的是空间，画面里元素的取舍与分布影响画面表现的效果，元素丰富，画面饱满，则气氛浓烈；元素精练，画面充实，则主体突出。所以应该在绘制过程中投入一定的精力反复推敲主体细节的表现程度、深刻挖掘设计思维趋向性、设计中配景的搭配以及数量的问题，这些问题都不能忽视，都会通过画面反映出设计者的表现意图。起居室手绘方案表现图参考图如图 1-1-15 所示。

图 1-1-15 起居室手绘方案表现图参考图

（二）手绘方案表现图设计创作过程中要注意发挥主观创意性思维

仅依据基本理论、技法要领进行一般性的练习是不够的，手绘方案表现图技能的提高并不能在短期内实现。如果想得心应手地把设计作品完整、自信地表达出来，需要做到"三勤"：眼勤、手勤、脑勤。

1. 眼勤

"勤学者不如好学者，好学者不如乐学者"，干一行要爱一行，做设计也一样。要养成多观察身边的点滴事物的习惯。如在室外时可以留心观察风格独特的建筑装饰表现方法；逛公园时可以注意观察其景观布局特点等。观察的多了，设计水平、表现手段自然就会得到大幅度地提高。

2. 手勤

徒手勾画、记录、速写是最有效的学习方法。随时、随地地记录观察结果，比如某商场的装修风格、某餐厅的平面布局、功能分析等，能加深对实地现场资料的感性认识，作为以后的设计资料备用，养成画速写的习惯是设计者走向成功的良好开端。速写是体验自然、收集素材、形成个性思维的一种有效训练手段。日积月累，手绘方案表现图会逐渐表现得成熟。

3. 脑勤

多思考、多比较、多用脑，在创作的过程中要多总结经验，不断提高表现能力。

如在绘制的过程中，不仅要表现对象的材料、造型、尺寸，还可以做简单的文字说明，记录情景、创作感受等。

在学习过程中，用眼记录所看、用手记录所想、用脑记录所悟，使眼、手、脑得到同步训练，这样才能达到得心应手，学得有深度、有效果，全面提高设计水平。阅读区手绘方案表现图如图 1-1-16 所示。

图 1-1-16 阅读区手绘方案表现图

▼ 任务实施

通过引入的沈阳华润昭华里某户型客厅空间案例，进行手绘表现图的绘制，主要通过 5 个步骤完成客厅手绘方案表现图的绘制。绘制作品参考实景图如图 1-1-1 所示。

任务实施步骤

步骤 1：在铅笔起稿过程中，家具以简单的几何体造型画出透视形状，沙发、茶几加以曲线表现，家具形状更具体一些，可根据画面调整大小，让整体比例更美观。这一步要注意窗帘位、天花板造型的石膏接口和线条可以概括表现。可适当增加创意性思维的设计分析。

　　步骤2：铅笔线稿也是很重要的一部分，可以稍微画完整一些，对后期的针管笔线稿的绘制更方便，重视细节刻画。客厅手绘方案表现图铅笔线稿如图1-1-17所示。

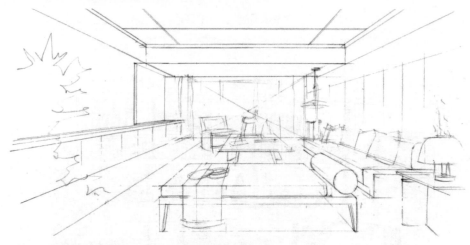

图 1-1-17 客厅手绘方案表现图铅笔线稿

　　步骤3：钢笔线描勾墨线应该由局部到整体去表现，可以先画出主体家具部分的表现，体现出不同家具的材质表现，比如木材质可以用直线，沙发、地毯可以用随意轻松的线条表现。从细节到整体再到细节的刻画，循序渐进。客厅手绘方案表现图钢笔线描稿步骤如图1-1-18所示。

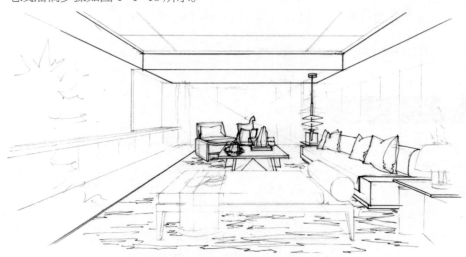

图 1-1-18 客厅手绘方案表现图钢笔线描稿步骤 -1

步骤 4：其他剩余的部分按照之前的铅笔稿描绘，基本没太大变化，但铅笔稿有画错或比例大小不好的部分，可以在钢笔勾墨线时更改过来。胆大心细，绘制严谨。客厅手绘方案表现图钢笔线描稿步骤如图 1-1-19 所示。

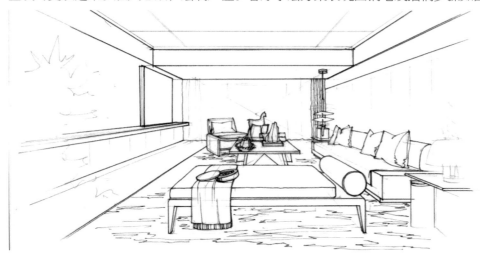

图 1-1-19 客厅手绘方案表现图钢笔线描稿步骤 -2

步骤 5：整个空间描绘出来后，擦除铅笔线稿，最后一步进行画面的调整。先是明暗、物体投影表现，暗部较黑地方可用黑色针管笔多遍数涂黑，使画面黑白灰层次感明显。然后强调物体接触面或转折面。完成客厅手绘方案表现图。注意绘制过程中工具的使用规范、绘制方法规范、绘制流程规范。客厅手绘方案表现图钢笔线描稿步骤如图 1-1-20 所示。

图 1-1-20 客厅手绘方案表现图钢笔线描线稿步骤 -3

练一练

1. 完成一幅单线的手绘方案表现图绘制，掌握手绘方案表现图的绘制过程。

2. 运用手绘方案表现图学习方法，根据手绘方案表现图的设计要点，临摹参考图如图 1-1-21、图 1-1-22 所示。

图 1-1-21 手绘方案表现图参考图 -1

图 1-1-22 手绘方案表现图参考图 -2

任务2
临摹手绘方案表现图

▼ 任务描述

本任务所选的案例为企业设计的沈阳华润昭华里起居室实景图（图1-2-1），设计师从现代人居理念出发，在东方惯常的留白风格之中，融入西方简而不杂的元素，倾力打造一所生活化、自然感及艺术性三位一体的宅居。

图 1-2-1 沈阳华润昭华里某起居室实景图

该案例起居室的设计遵循人体工程学基本原理，注重色彩的选择，选用适于家居休闲体验感的材质。设计格律有方法可依，有秩序可循。

▼ 任务解析

手绘方案表现图的完成，要通过该项目案例中相关学习使用工具、学会设计规范操作、学会临摹手绘方案表现图、学会创作设计，及推导完成本项目中采用多种不同手绘技法制定手绘方案表现图内容等步骤。通过分析沈阳华润昭华里起居室实景图设计过程，学会选择材料和应用绘制工具，动手熟练操作工具，学会画出临摹的室内手绘方案表现图。

▼ 知识链接

手绘方案表现图的表现形式多种多样，每种表现方式都对应不同的表现工具，手绘方案表现图表现也因工具的不同而效果各异。为了追求最终画面效果的完美，可以使用多种不同工具，它与传统绘画相比较更加具有应用的时效性和高效性。水溶性彩色铅笔如图 1-2-2 所示。手绘方案表现图工具的介绍可以扫描二维码观看。

微课视频

掌握手绘方案表现常用工具及使用方法

图 1-2-4 手绘方案表现图实施使用工具表现 -2

图 1-2-2 水溶性彩色铅笔

手绘方案表现

20

一、手绘方案表现图实施前提条件

手绘方案表现图设计项目实施前提条件包括：手绘方案表现图常用纸张、手绘方案表现图常用绘图笔、手绘方案表现图常用着色工具、手绘方案表现图常用辅助工具。

手绘方案表现图实施使用工具表现如图 1-2-3、图 1-2-4、图 1-2-5 所示。

图 1-2-3 手绘方案表现图实施使用工具表现 -1

图 1-2-5 手绘方案表现图实施使用工具表现 -3

二、手绘方案表现图常用纸张

（一）复印纸

复印纸纸质光滑、吸水性差，利于色彩叠加。复印纸一般用于草图绘制。打印纸采用国际标准，以 A0、A1、A2、B1、B2、A4、B5 等标记来表示纸张的幅面规格。打印纸的优点在于它的价格低廉和携带方便，既可以直接置于桌上绘画，也可以用画夹夹住，随时随地即兴绘画。

打印纸有一定的吸水性能，可以用于铅笔、钢笔、针管笔、彩色铅笔、马克笔等的绘制，用马克笔绘制时，要选择较厚的打印纸，并在纸下垫纸板，以防渗透纸面。

复印纸如图 1-2-6、图 1-2-7 所示。

图 1-2-6 复印纸 -1

图 1-2-7 复印纸 -2

（二）白色绘图纸

白色绘图纸纸质较厚、表面光滑、结实耐擦，多用于表现图绘制。可用于钢笔线描及马克笔、彩色铅笔作画。色彩叠加时层次丰富。修改画错的线条可以用刀片局部刮除。白色绘图纸、绘图本如图 1-2-8、图 1-2-9 所示。

图 1-2-8 白色绘图纸

图 1-2-9 白色绘图本

三、手绘方案表现图常用绘图笔

（一）铅笔

1. 铅笔是制图中用得最多的工具，易表现和修改，可以削出不同的形状，以达到预期的效果。

H: 硬度   B: 软度   HB: 软硬适中

铅笔分 6B、5B、4B、3B、2B、B、HB、F、H、2H、3H、4H、5H、6H、7H、8H、9H、10H 等 18 个硬度等级，字母前面的数字越大，分别表明越软或越硬。此外还有 7B、8B、9B 三个等级的软质铅笔，以满足绘画等特殊需要。铅笔如图 1- 2-10、图 1-2-11 所示。

图 1-2-10 铅笔 -1

图 1-2-11 铅笔 -2

2. 自动铅笔，即不用卷削，能自动或半自动出芯的铅笔。自动铅笔按铅笔芯直径大小分为粗芯（大于或等于 0.9 mm）铅笔和细芯（小于 0.9 mm）铅笔。自动铅笔如图 1-2-12、图 1-2-13 所示。

图 1-2-12 自动铅笔 -1

图 1-2-13 自动铅笔 -2

（二）勾线笔

1. 美工钢笔：笔尖弯曲，可画粗、细不同的线条，书写流畅，适用于勾画快速草图或方案。

美工钢笔如图 1-2-14 所示。

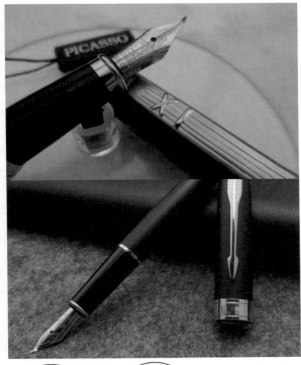

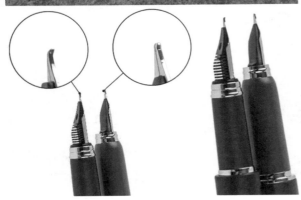

图 1-2-14 美工钢笔

2. 金属针管笔：笔尖较细，线条细而有力，有金属质感和力度，适用于精细手绘图。在设计绘图中至少要备有细、中、粗三种不同粗细的金属针管笔。金属针管笔如图 1-2-15 所示。

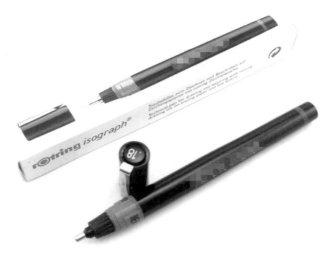

图 1-2-15 金属针管笔

（三）勾线笔的针管笔使用方法

1. 绘制线条时，针管笔身应尽量保持与纸面垂直，以保证画出粗细均匀一致的线条。

2. 针管笔作图顺序应依照先上后下、先左后右、先曲后直、先细后粗的原则，运笔速度及力度应均匀、平稳。

3. 用较粗的针管笔作图时，落笔及收笔均不应有停顿。

4. 针管笔除用来作直线段外，还可以借助圆规的附件和圆规连接起来作圆周线或圆弧线。

5. 平时宜正确使用和保养针管笔，以保证针管笔有良好的工作状态及较长的使用寿命。针管笔在不使用时应随时套上笔帽，以免笔尖墨水干结，并应定时清洗针管笔，以保持用笔流畅。

（四）快写针笔

快写针笔又称草图笔或一次性针管笔，油性防水笔头，线条细而柔软，有弹性，运用于快速方案草图。笔尖端处是纤维笔头而不是钢针，晃动里面没有重锤作响。使用的时候旋转笔尖作画，不同的用笔压感会画出不同粗细的线条。要注意，不能太用力，否则笔尖会压到笔管里，不能再使用了。一次性针管笔如图 1-2-16、图 1-2-17 所示。

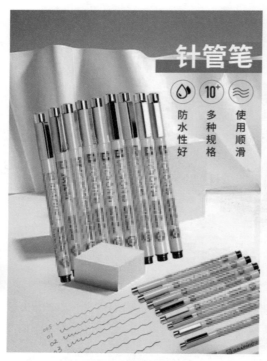

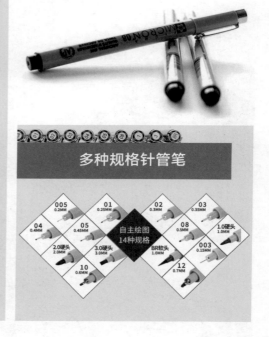

图 1-2-16 某品牌一次性针管笔 -1

图 1-2-17 某品牌一次性针管笔 -2

四、手绘方案表现图常用着色工具

（一）彩色铅笔

彩色铅笔是一种非常容易掌握的涂色工具，类似于铅笔。颜色多种多样，画出来效果较淡，清新简单，色彩丰富，笔质细腻，大多可以用橡皮擦去。彩色铅笔有普通彩铅、油性彩铅、水性彩铅。水性彩铅是可溶性彩色铅笔（可溶于水）；普通彩铅和油性彩铅是不可溶性彩色铅笔（不能溶于水）。水溶性彩铅如图 1-2-18、图 1-2-19、图 1-2-20 所示。

图 1-2-20 水溶性彩铅 -3

1. 不溶性彩色铅笔，可分为干性和油性。通常在市面上买到的大部分都是不溶性彩色铅笔。

2. 可溶性彩色铅笔，又叫水溶性彩色铅笔，在没有蘸水前和不溶性彩色铅笔的效果几乎一样，铅质效果更加细腻，在蘸上水之后会变成像水彩一样，颜色非常鲜艳亮丽，十分漂亮，而且色彩很柔和。

彩色铅笔在手绘表现图中可以用于独立作画，也可作为综合技法绘画的辅助工具，如马克笔与彩色铅笔相结合使用绘画。

（二）马克笔

马克笔如图 1-2-21 所示。

图 1-2-18 水溶性彩铅 -1

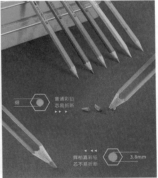

图 1-2-19 水溶性彩铅 -2

图 1-2-21 马克笔

马克笔是随着现代化工业的发展而出现的一种新型书写、绘画工具。名字来源于 "Marker"。俗称记号笔。具有非常完整的色彩系统可供绘画者使用，是一种速干、稳定性高的绘画材料。在设计行业（平面设计、服装设计、工业设计、环艺设计、建筑设计等）具有广泛的运用，是设计者表达设计概念、方案构思不可或缺的有力工具，同时也被绘画爱好者所喜欢和使用。

马克笔又称麦克笔，色彩丰富，笔触明显，速干。通常用来快速表达设计构思，以及设计效果图。马克笔有单头和双头之分，双头马克笔其中一侧为细头，可画细线，另一侧笔头扁平，可画粗线，能迅速地表达效果，是当前最主要的绘图工具之一。马克笔分为水性马克笔、酒精性马克笔、油性马克笔。它的优越性在于使用方便、干燥迅速，可提高作画速度。线条流畅、色泽鲜艳明快、使用方便。

1. 水性马克笔，颜色饱和度相对低，容易产生笔触，难掌握。特点是颜色亮丽而有透明感，但多次叠加后颜色会变灰，而且容易损伤纸面。另外，用蘸水的笔在纸上涂抹的话，效果与水彩很类似，有些水性马克笔干后会耐水。由于水性较难掌控，所以实际上使用最广的是酒精性质的马克笔，初学者也建议用酒精性质的马克笔。

2. 酒精性马克笔，色彩饱和度高，挥发较快、耐水，采用有机化合物（如主要成分有甲苯和三甲苯等）作颜料溶剂，故色彩透明，纯度较高，有较强的渗透力，蒸发性也较强，颜色多次叠加不会伤纸，柔和，但是味道很重。可在任何光滑表面书写，速干、防水、环保，可用于绘图、书写、记号、POP 广告等。

3. 油性马克笔，特点是快干、耐水、而且耐光性相当好，不易晕开，混色效果比较好，颜色多次叠加不会伤纸，柔和。

马克笔常用于快速表现技法绘画中，在草图、设计初稿中经常使用。马克笔不适合细腻、写实的绘画，不能用在吸水性太强的纸张上。

马克笔如图 1-2-22、图 1-2-23、图 1-2-24 所示。马克笔配色色卡如图 1-2-25 所示。

图 1-2-22 马克笔 -1

图 1-2-23 马克笔 -2

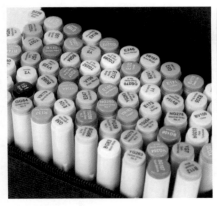

图 1-2-24 马克笔 -3

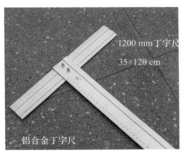

图 1-2-26 丁字尺

3	5	7	24	27	37	2	51	15	16	0	21
44	50	52	71	96	107	179	197	30	95	114	149
112	119	137	140	144	158	215	220	97	163	164	207
168	169		194	225	229	228	234	216	222	232	244
236	237	241	242	246	247	240	254	233	278	253	262
263	264	265	271	272	273	255	256	279	280	270	274

36色
48色
60色
72色

图 1-2-25 马克笔配色色卡

五、手绘方案表现图常用辅助工具

（一）丁字尺

丁字尺又称 T 形尺，为一端有横挡的"丁"字形直尺，由互相垂直的尺头和尺身构成，一般采用透明有机玻璃制作，常在工程设计上绘制图纸时配合绘图板使用。丁字尺为画水平线和配合三角板作图的工具，一般可直接用于画平行线或用作三角板的支承物来画与直尺呈各种角度的直线。一般有 600 mm、900 mm、1 200 mm 三种规格。丁字尺如图 1-2-26 所示。

（二）三角板

三角板，由两个特殊的直角三角形组成。一个是等腰直角三角板，另一个是特殊角的直角三角板。等腰直角三角板的两个锐角都是 45°，特殊角的直角三角板的锐角分别是 30° 和 60°。使用三角板可以方便地画出 15° 的整倍数的角，如 135°、120°、150° 的角。三角板可以与丁字尺相互配合使用。三角板如图 1-2-27 所示。

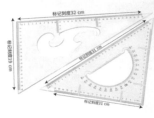

图 1-2-27 三角板

（三）曲线板

曲线板又称云形尺，是一种内外均为曲线边缘，呈旋涡形的薄板。用来绘制曲率半径不同的非圆自由曲线。曲线板如图 1-2-28 所示。另外还有多功能绘图模板尺、大椭圆模板尺、大圆模板尺、建筑模板尺等。多功能绘图模板尺如图 1-2-29 所示。

图 1-2-28 曲线板

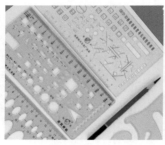

图 1-2-29 多功能绘图模板尺

（四）美工刀、修正液、高光笔

手绘快速表现图的其他辅助工具还有美工刀、修正液等。白色修正液还可作为绘图最后点高光的处理。美工刀如图 1-2-30、图 1-2-31 所示。修正液及白色高光笔如图 1-2-32、图 1-2-33 所示。

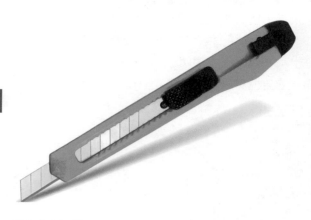

图 1-2-30 美工刀 -1

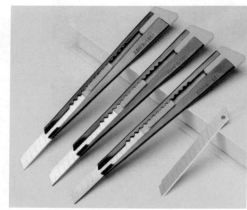

图 1-2-31 美工刀 -2

图 1-2-32 修正液

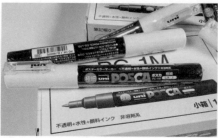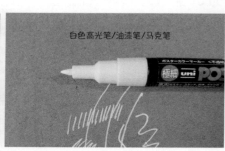

图 1-2-33 白色高光笔

（五）纸胶带

纸胶带相较于一般胶带，表面材料为纸。通常黏性不强，因此优点就是撕下后绝不会有残胶，被广泛利用在黏贴纸张、布置等用途。绘图过程中需要预留空白的位置，可先使用纸胶带粘贴到指定位置，待绘制完成后，再撕下纸胶带，完善画面整体效果。纸胶带如图 1-2-34 所示。

图 1-2-34 纸胶带

（六）切割垫板

切割垫板，垫画纸时使用，防止画纸在上色后，颜色渗染桌面。双面刻线，可辅助绘图。材质是 PVC，常用规格有 A2、A3、A4。切割垫板如图 1-2-35 所示。

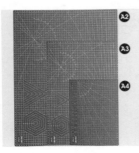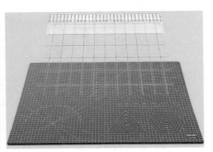

图 1-2-35 切割垫板

现代绘画工具越来越多，各种类型画笔层出不穷，为丰富效果图表现带来了极大的方便，设计师可根据自己的需求来选择。

六、手绘方案表现图绘图工具及使用方法

（一）工具的分类

钢笔线描：钢笔、美工笔、针管笔等。

钢笔：墨色钢笔线条对比强烈，粗细控制得当，运用的点、线可以表现各种材质。

美工笔：线条粗细变化明显，对涂画大面积阴影时，其笔尖能很好地发挥作用。

针管笔：线条粗细均匀，笔尖坚硬，适用在比较光滑的纸上，如硫酸纸。

（二）工具的使用方法

钢笔线描主要是用单色线条的方式来表现对象的造型、层次以及环境气氛，并组成画面的全部。由于使用针管笔或钢笔绘图具有难以修改与从局部开始画的特点，因此下笔前要对画面整体的布局与透视、结构关系在心中有一个大概的安排与把握，这样才能保证画面的进度能够按照预期的方向发展。最好从视觉最近、最完整的对象入手。因为，最近与最完整对象画好后，其他一切内容的比例、透视关系都可以此来作为引证参照，所以接下来描绘画面就不容易出现偏差。

彩色铅笔：彩色铅笔价格便宜，携带方便，使用简单而广泛，适合快速上色。彩色铅笔分为普通彩铅、油性彩铅、水溶性彩铅。普通彩铅产生效果类似于素描绘画，水溶性彩铅画出的图在用水渲染后效果类似于水彩，色彩晕染绚丽。

马克笔是一种速干、稳定性高的画材，具备非常完整的色彩系统可供画者使用。马克笔颜色十分丰富，可以画出各种灰色调。马克笔鲜亮透明，犹如水彩，其溶剂为酒精类溶液，易于挥发，但色彩可重复叠加，并保持鲜亮不变。绘图工具使用图如图 1-2-36 所示。

（三）工具的使用规范

对于初学者，工具的规范使用尤为重要，用绘图笔时需要掌握正确的握笔姿势，减少长时间绘图的疲劳感。着色工具要根据正确的笔法和笔触进行绘制，否则画面效果不佳，工具使用的步骤要准确，依据绘图流程，按步骤地选择工具进行手绘方案表现图的绘制。

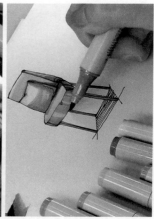

图 1-2-36 绘图工具使用图

任务实施

临摹手绘方案表现图

运用手绘方案表现常用工具的使用方法，临摹一幅上色的手绘方案表现图，参考沈阳华润昭华里某起居室实景图，如图 1-2-1 所示。

任务实施步骤

主要运用彩色铅笔技法完成起居室空间手绘方案表现图，通过彩铅技法的训练，完成起居室空间的绘制及局部陈设的绘制，强调室内起居室空间内

各物体之间的材质对比，画面的明暗关系、物体在空间中的前后关系要明确。

步骤 1：初学者可先用铅笔起稿，然后用钢笔或针管笔仔细刻画，绘画线稿时要准确地把握好透视和比例关系。循序渐进，遵循绘图规范和绘制要点。最后用钢笔或针管笔画出整体空间轮廓。起居室空间表现的方法，可以先从对起居室空间的家具、陈设小品的表现开始着手，熟练地掌握了家具的画法后再进行空间透视练习，最后进行组合设计表现，由浅入深、由简到繁，线条干脆利落、运用线条区分不同材质的表现。逐步形成个人独特的表现风格。起居室手绘方案表现图钢笔线描线稿如图 1-2-37 所示。

图 1-2-37 起居室手绘方案表现图钢笔线描线稿步骤 -1

步骤 2：在钢笔或针管笔线稿基础上，由浅入深地对物体进行塑造，上色时不要用力过重，避免出现笔芯断裂和画面出现条纹。上色过程中要用色彩正确表现空间、界面、家具、陈设之间的比例和色彩关系。起

居室手绘方案表现图彩色铅笔稿如图 1-2-38 所示。

步骤 4：彩色铅笔强化物体空间材料质感，把握画面的虚实变化、主次关系和冷暖对比。强调细节处理，做到刻画深入、细致、精益求精。起居室手绘方案表现图彩色铅笔稿如图 1-2-40 所示。

图 1-2-38 起居室手绘方案表现图彩色铅笔稿步骤 -2

步骤 3：逐步深入刻画，用相同色系的彩色铅笔多遍数着色，将材料的不同质感及对比效果逐渐表现出来。起居室手绘方案表现图彩色铅笔稿如图 1-2-39 所示。

图 1-2-40 起居室手绘方案表现图彩色铅笔稿步骤 -4

步骤 5：整体调整，把握好画面整体的色彩关系，达到画面的和谐与统一。最后进行整体 - 局部 - 整体调整，修饰，完善手绘方案表现图。起居室手绘方案表现图彩色铅笔稿如图 1-2-41 所示。

图 1-2-39 起居室手绘方案表现图彩色铅笔稿步骤 -3

图 1-2-41 起居室手绘方案表现图彩色铅笔稿步骤 -5

练一练

运用手绘方案表现图常用工具的使用方法，临摹一幅上色的手绘方案表现图。临摹参考图如图 1-2-42、图 1-2-43 所示。

图 1-2-42 办公室手绘方案表现图线稿

图 1-2-43 办公室手绘方案表现图彩色铅笔稿

▼ 项目总结

　　本项目引入企业设计推出的设计案例——沈阳华润昭华里设计项目，从学习认识手绘方案表现图入手，分析了手绘方案表现的学习方法、进行了手绘方案表现设计要点的分析；熟练掌握手绘方案表现图不同工具的使用方法及遵循制图规范。各种辅助工具的综合使用被越来越多地运用到手绘方案表现图表现过程中，辨别辅助工具的优缺点，能够熟练运用绘图工具，扬长避短，完成临摹室内手绘方案表现图，使其达到最佳的画面效果。

　　通过本项目的学习，能够根据目前装饰装修行业专业岗位技能人才需求及室内装饰设计师国家职业技能标准，确定学习手绘方案表现图的目标，树立职业技能标准规范意识，正确认识手绘方案表现图学习的重要性。同时，为后续项目实施奠定坚实的基础。

思政园地 ▶

　　能够根据设计项目，遵守国家相关行业规范，坚持健康、安全、环保、绿色的设计理念。遵守制图工具使用规范。能够根据项目案例树立品牌意识，锐意进取。

项目2

室内小空间家居
方案设计

项目导入

　　本项目来源于企业设计推出的真实设计案例，该项目运用手绘方案表现技法根据南京金地新力都会学府销售中心样板间实景图和上海旭辉平湖平国府叠墅样板间实景图，完成项目中单体家具造型设计表现、透视效果图表现、组合家具造型设计表现等室内小空间家居方案表现。

学习目标

知识目标	1.能够根据项目提供的实景图，绘制出单体家具造型设计表现。
	2.能够理解透视原理，区别透视方法。
	3.能够绘制出具有透视原理的透视效果图。
能力目标	1.能够理解钢笔线描技法概念，熟知钢笔线描技法。
	2.能够绘制出单体家具造型设计表现、透视效果图表现、组合家具造型设计。
	3.能够按步骤完成室内小空间家居方案表现图。
素养目标	1.具有团队协同意识、能够与小组成员合作共同完成任务。
	2.爱护绘图使用工具、维护绘图设施、钻研技能、具有精益求精的工匠精神。
	3.能够严格遵守国家职业技能标准，积极发挥创新能力，高标准完成手绘任务。

项目实施

任务1
单体家具及陈设表现

任务描述

本任务所选的案例为南京金地新力都会学府销售中心样板间实景图（图2-1-1），本案例的设计思路是设计师从地区特有的地理位置优势，利用该区域有以汤山温泉为主的丰富的自然资源为设计出发点，运用新现代主义的设计手法勾勒出东方意境的秩序。空间如同一个容器，设计师将情感连同空间要素注入其中，不同介质家居元素碰撞运用，打造出富有趣味性、层次丰富、文艺灵动的品质住家空间。本案的客厅主色调选用优雅浅金驼色系，充满暖意。圆角质感的家具，防止边角磕碰，金属质感的陈设品，成为了客厅的点睛之笔。一张方形地毯触感细腻柔和，整个天花板采用多层次光源设计，软硬材质结合，中和了浅色调带来的冷清之感，增加了一笔浓墨。充足的阳光从落地窗洒入，实用和美观都有所兼顾。此次任务需要依据南京金地新力都会学府销售中心样板间客厅实景图，画出实景图中的单体座椅造型表现、单体沙发造型表现、陈设表现等内容。实景参考如图2-1-1所示。

图 2-1-1 南京金地新力都会学府销售中心样板间客厅实景图

任务解析

单体家具及陈设表现，基本流程包括手绘前准备和手绘技法表现两个部分，要通过完成该项目案例中训练单体家具造型的绘制，学会运用多种线条绘制塑造不同形体。学会单体形体的结构及明暗关系强化表现。通过分析南京金地新力都会学府销售中心样板间客厅实景图设计过程，学会客厅空间单体家具造型手绘表现图的绘制，学会钢笔线描的勾线形式，完成手绘方案表现图。

知识链接

一、钢笔线描技法概述

钢笔线描技法是用铅笔起稿，最终用钢笔或针管笔勾线表现空间画面效果，还有一种方法是直接用钢笔或针管笔绘制，通常用来作草图表现。

使用钢笔、针管笔作画时尽可能选择质地较为细腻的纸张，针管笔的型号可根据所要表现的内容和图幅尺寸的要求进行选择。采用辅助工具绘制的针管笔效果图，具有规整、挺拔、干净、利落等特点。而徒手绘制则有流畅、活泼、生动的效果。徒手绘制主要是训练我们对点、线、面的特性的表达和物体落影原理的认识，以及对透视学的理解。

二、钢笔线描技法——点和线

点、线在钢笔线描技法中是最主要的表现方法。初学钢笔线描技法作画时可以从点、线开始练习，大小不同的点的排列，直线到曲线变化的排列组合，都可以形成不同明度的色调、块面来表现不同形体的特征、质感和空间感。

1. 点分为规则形状的点和不规则形状的点。点的表现形式有所局限，可以用来表现细腻光滑的质感，或者在上色时与线条穿插使用，以丰富画面效果。

2. 线是一幅钢笔画的灵魂，钢笔线描技法主要依靠线条的曲直、粗细、刚柔、轻重等变化来组成各种风格的画面。线条是手绘表现的基本语言。线条表现参考图如图 2-1-2、图 2-1-3 所示。

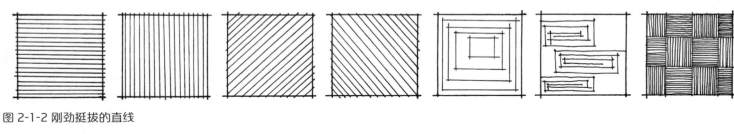

图 2-1-2 刚劲挺拔的直线

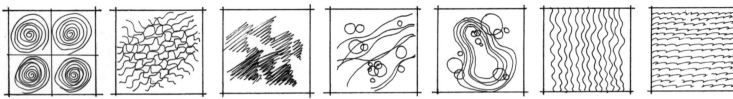

图 2-1-3 曲线和圆

三、钢笔线描技法

1. 线描法：以简洁、明确的线条勾勒形象的基本结构形态，不需复杂华丽的修饰和烘托。

2. 影调法：通过刻画物体的明暗关系，强调其体积感和空间感的一种画图方法。靠线条的疏密变化来表达明暗关系。

3. 综合法：取前两种方法的长处，用单线勾画基本的形体结构，再适当加以排线来表示阴影，以此表现对象的立体感。钢笔线描画法如图 2-1-4 所示。

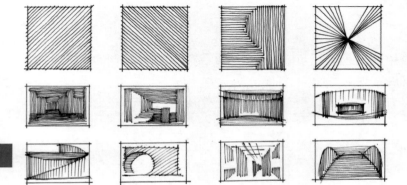

图 2-1-4 钢笔线描画法

四、钢笔线描表现的注意事项

1. 线条是画好钢笔画的关键，勾勒时要一气呵成，切忌犹豫不决。

2. 线条虚实要得当，松紧有序，它的组织排列要有规律。

五、钢笔线描技法——调子的表现

调子一般由点和直线组成，其中又分为大点、小点和直线、曲线等。通过调子可以表现出物体的各种质感。例如，比较粗糙的面可以用不规则的点来体现；木纹用有规则的木纹线体现；麻质的布料可以用小"十"字线来体现等等。调子的表现如图 2-1-5 所示。

图 2-1-5 调子的表现

（一）调子运用的基本规律

1. 流畅的线条是一幅图成功的关键，作画时要一气呵成，胸有成竹。

2. 线条的组织排列要根据对象的特点来选择是用横线还是用竖线。

3. 在用影调法时，要根据明暗来确定线条的疏密，一般用改变排线层数的方法来表现明暗，但色调浅的地方也不要间距过宽，使人产生潦草的感觉。

（二）点、线的练习是学习手绘方案表现图不可忽视的步骤，也是造型艺术中最重要的元素之一，简单的线条可以表现出设计师的手绘功底及艺术修养。

手绘方案表现图技法注重线的灵动性和美感，线条要有虚实、快慢、轻重、曲直等的变化，要把线条画出生命力、灵动性需要大量的练习。钢笔线描手绘方案表现图如图 2-1-6 所示。

图 2-1-6 钢笔线描手绘方案表现图

六、项目案例具体造型设计表现

1. 具体造型设计流程

（1）准备好绘图工具。打印纸、白色绘图纸、铅笔、钢笔和针管笔等。

（2）钢笔线描单线绘制。

2. 具体造型设计步骤

手绘方案表现图中会使用到直线、曲线，画直线要注意：第一，画线时下笔要有力度；第二，线应该有虚实、轻重的变化；第三，线要有起点和落点，给人一种有生命力的感觉。钢笔线描具体造型设计表现如图 2-1-7、图 2-1-8 所示。钢笔线描技法可以扫描二维码观看。

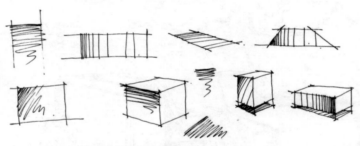

图 2-1-7 钢笔线描具体造型设计表现图 -1

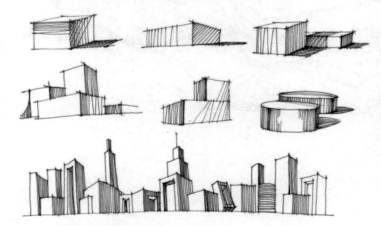

图 2-1-8 钢笔线描具体造型设计表现图 -2

3. 具体造型设计钢笔线描注意事项

用钢笔线描绘制具体造型设计，首先要对各类形体进行几何体分析，将复杂的形体拆分，用简练的几何形体去观察、了解和概括物体的基本形。钢笔线描具体造型设计表现图如图 2-1-9 所示。

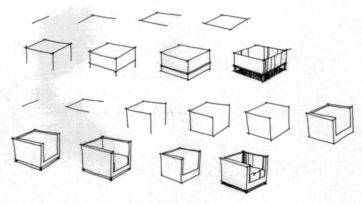

图 2-1-9 钢笔线描具体造型设计表现图 -3

七、单体陈设表现

钢笔线描表现工具比较简单，但它能表现出不同的形状和风格，产生的画面丰富多样。线的"黑"与"白"是钢笔线描表现中的两个基本因素，直接影响画面效果。白，可以表现浅色、受光面，也可留白表现；黑，可以表现暗色物体、背光面、阴影等。黑与白是相对应的，正是"黑"与"白"的对比决定了钢笔画的魅力。线的形体——线条可以用来表现空间形体、材料质感、形态特征。线条排列的不同走向，长短、曲直、韵味等，即能构成画面不同的明暗色调，又可以形成层次丰富的画面效果。南京金地新力都会学府销售中心样板间实景如图 2-1-10 所示，单体陈设步骤图及表现图如图 2-1-11、图 2-1-12 所示。

图 2-1-11　单体陈设步骤图

图 2-1-10　南京金地新力都会学府销售中心样板间实景图

图 2-1-12　单体陈设表现图

抱枕及灯具表现

　　抱枕表现注意材质的柔软质感，抱枕不同质地的饰面材料需要运用不同的钢笔线描技法塑造以表达出效果。抱枕的绘制要注意线条的走向，四周向外侧凸起扩张绘制，具有流畅感。灯具表现图要注意区分硬质材质与软质材质的不同。曲线流畅，直线运笔干脆、利落，边角转折处要加大运笔力度。抱枕及灯具表现图如图 2-1-13、图 2-1-14、图 2-1-15 所示。抱枕及灯具表现图可以扫描二维码观看。

　　陈设品细节的处理要做到严谨。陈设品表现图如图 2-1-16 所示。

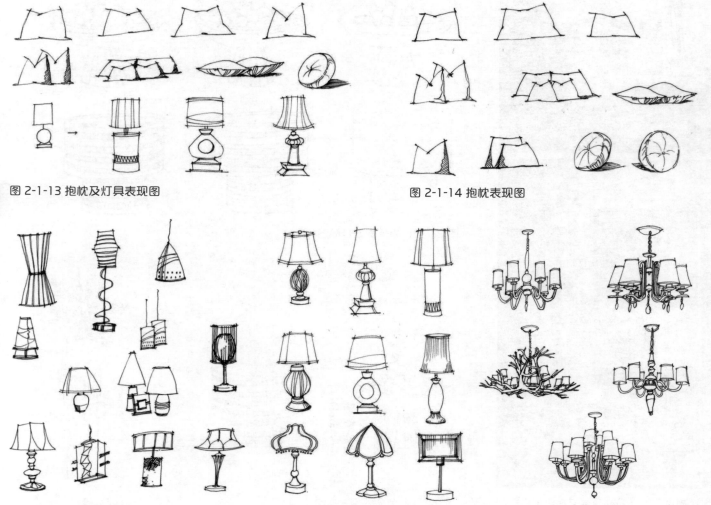

图 2-1-13 抱枕及灯具表现图

图 2-1-14 抱枕表现图

图 2-1-15 灯具表现图

图 2-1-16 陈设品表现图

八、室内单体家具表现

　　钢笔线描技法是手绘方案表现图的重要组成部分和基础表现形式。钢笔线描技法能力是衡量环境艺术设计、建筑设计、规划设计人员水平高低的重要标准之一，同时，也是一名成熟的设计师必须具备的基本功之一。钢笔线描技法以简单、快速的手法来表现事物。设计师可以利用它迅速、准确地捕捉所需要的形象、随时记录活跃的设计思维。用钢笔线描技法来收集整理资料、做快速的方案分析，是理想的训练构思与表现能力的方法。钢笔线描技法的实践以室内单体家具表现为例。

（一）椅体家具表现

　　以简洁、明确的线条勾勒形象的基本结构形态，不需复杂华丽的修饰和烘托。线条对比强烈，粗细控制得当，恰当地运用点、线表现椅体家具材质。钢笔线描椅体家具表现图如图 2-1-17 ～图 2-1-20 所示。

图 2-1-17　椅体家具表现图 -1

图 2-1-18　椅体家具表现图 -2

微课视频

椅体家具表现

图 2-1-19 椅体家具表现图 -3

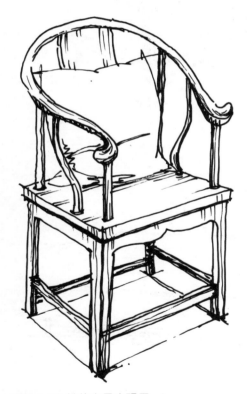

图 2-1-20 椅体家具表现图 -4

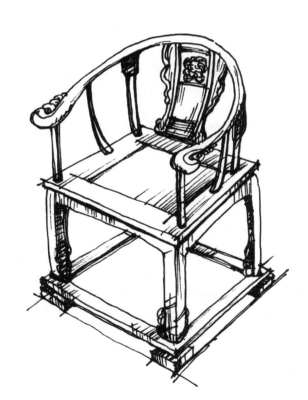

（二）沙发家具表现

线条粗细变化明显，对涂画大面积阴影时，变化笔尖使用力度能很好地发挥作用，使线条产生细致的顿挫变化。软硬材质的区分在绘制时需要仔细辨别、灵活应用。钢笔线描沙发家具表现图如图 2-1-21 ～图 2-1-23 所示。

图 2-1-21 沙发家具表现图 -1

沙发家具表现

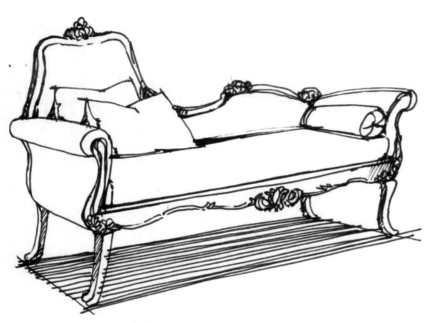

图 2-1-22 沙发家具表现图 -2

图 2-1-23 沙发家具表现图 -3

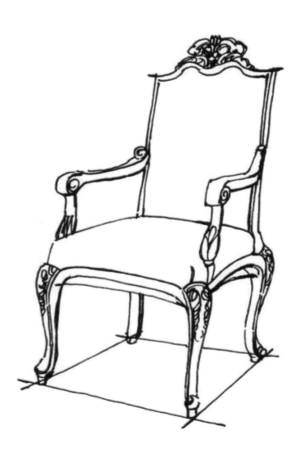

（三）床体家具表现

　　通过刻画床体家具线条的疏密变化来表达明暗关系。强化明暗关系可以突出床体家具的体积感和空间感。同时，绘制线条要虚实得当、松紧有序，线条组织排列有规律。钢笔线描床体家具表现图如图 2-1-24 ～图 2-1-28 所示。

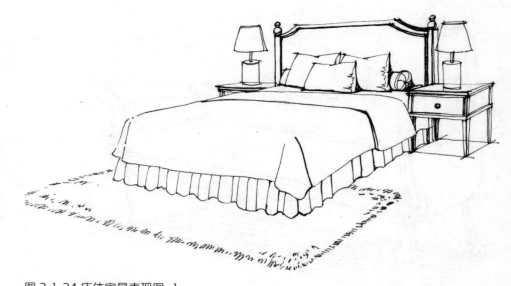

图 2-1-24 床体家具表现图 -1

图 2-1-25 床体家具表现图 -2

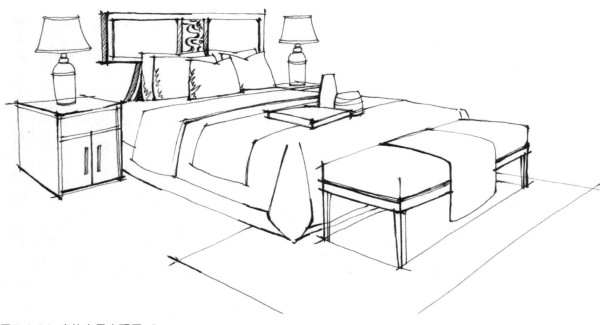

微课视频

床体家具表现

图 2-1-26　床体家具表现图 -3

图 2-1-27 床体家具表现图 -4

图 2-1-28 床体家具表现图 -5

（四）柜体家具表现

运用线条塑造柜子的质感，木纹用有规则的木纹线体现；金属边条用干脆、利落的快速线条表现。柜子转角处的线条，用粗线条强调表现，区分面与面的转折。钢笔线描柜体家具表现图如图 2-1-29 ～图 2-1-32 所示。

柜体家具表现

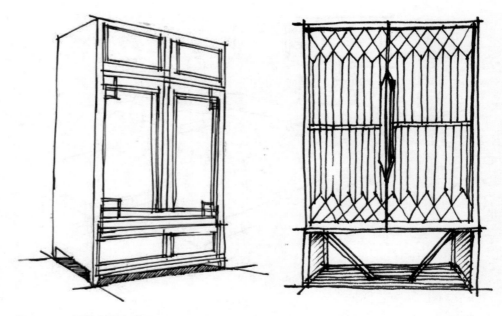

图 2-1-29 柜体家具表现图 -1

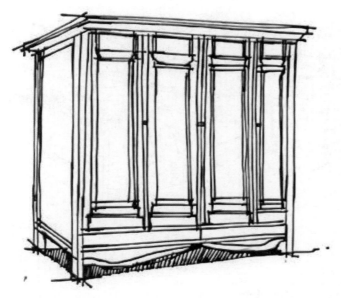

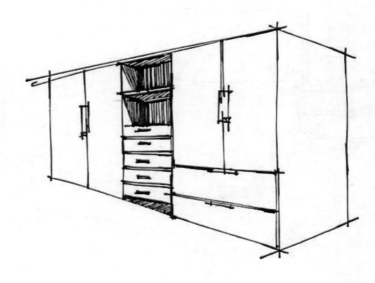

图 2-1-30 柜体家具表现图 -2

图 2-1-31 柜体家具表现图 -3

▼ 任务实施

　　通过引入的南京金地新力都会学府销售中心样板间客厅案例，进行钢笔线描技法绘制单体家具造型设计表现，主要通过 3 个步骤完成单体家具造型设计表现的绘制。绘制作品参考南京金地新力都会学府销售中心样板间客厅实景图如图 2-1-1 所示。南京金地新力都会学府销售中心样板间家具演变图如图 2-1-33 所示。南京金地新力都会学府销售中心样板间家具钢笔线描表现图如图 2-1-34 所示。

任务实施步骤

　　步骤 1：准备好绘图工具。复印纸或白色绘图纸、铅笔、钢笔、针管笔等。

　　步骤 2：钢笔线描绘制单体家具造型表现。

　　步骤 3：钢笔线描表现单体家具造型，无论是借助尺规还是徒手画线，前提是透视准确、结构合理，其次是注意明暗及体现材质的表达。

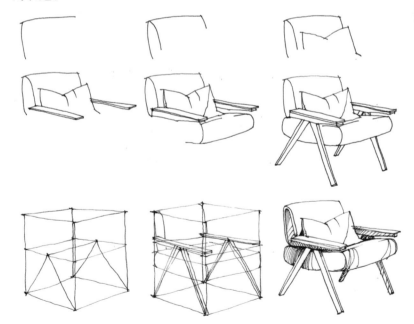

图 2-1-32 柜体家具表现图 -4

图 2-1-33 南京金地新力都会学府销售中心样板间家具演变图

图 2-1-34 南京金地新力都会学府销售中心样板间家具钢笔线描表现图

练一练

运用钢笔线描技法，临摹一幅单体家具表现图。临摹参考图如图 2-1-35、图 2-1-36 所示。

图 2-1-35 单体家具手绘方案表现图 -1

图 2-1-36 单体家具手绘方案表现图 -2

任务2

透视效果图表现

任务描述

　　本任务所选的案例为企业设计案例——上海旭辉平湖平国府叠墅样板间卧室实景图（图2-2-1），本案例位于浙江省平湖市龙湫湾。峰峦叠翠，碧水镜花。秋水之下，远山连着几多白溪，在山山水水之间，雾霭飘忽不定，在千峰中环立。一池东湖抱城流，九里湖光，掩映着绿树滴翠，影影绰绰。而风光的旖旎，如画中笔墨，若隐若现般抹淡在天际之中，此乃江南。雨雾后，一切如画，如诗，水映山，而山连天于长亭之外。本案室内装饰中充分运用了："障景、对景、点景、借景"等传统中式装饰手法，增强中式韵味及文化底蕴。通过现代的材料及工艺做法来呈现，以传承及创新的精神来复兴属于我们的东方美学。此次任务需要依据上海旭辉平湖平国府叠墅样板间实景图，画出实景图中的卧室成角透视效果图、客厅透视效果图等内容。实景如图2-2-1所示。

　　中西结合的设计之中，沿袭古典欧式风格的精致，散发独特的魅力和优雅的气质，融入了现代生活中。在欧式的线条中，摒除烦辱，通过造型比例、材质的搭配，满足人们对空间舒适、浪漫的要求。几何线条的修饰、立面造型、运用色块的处理方式，赋予空间更多的层次感，整个空间在艺术饰品的选择上引入新意。通过金属镶嵌工艺让空间更加明快、跳脱。而运用绿植点缀在空间之中更显灵动。没有雍容华贵，更多的是一种由内而外的优雅，散发着迷人的气息，现代且时尚。

图 2-2-1　上海旭辉平湖平国府叠墅样板间卧室实景图

任务解析

一般来讲，室内设计经常使用的是一点透视和两点透视，即平行透视、成角透视。我们要通过此项任务学会室内平行透视、平角透视、成角透视图的绘制方法与步骤，合理布局、熟练应用。

通过分析上海旭辉平湖平国府叠墅样板间实景图设计过程，学会卧室样板间透视手绘表现图的绘制方法与步骤，学会用钢笔线描的形式勾线，完成透视效果图。

知识链接

一、透视概念

透视图即透视投影，在物体与观者之间，假想有一透明平面，观者对物体各点射出视线，与此平面相交的点相连接，所形成的图形，称为透视图。

视线集中于一点即视点。透视图是在人眼可视的范围内。在透视图上，因投影线不是互相平行集中于视点，所以显示物体的大小，并非真实的大小，有近大远小的特点。形状上，由于角度因素，长方形或正方形常绘成不规则四边形，直角绘成锐角或钝角，四边不相等。圆的形状常显示为椭圆。

透视图的基本原则有两点：

1.近大远小，离视点越近的物体越大，反之越小。

2.不平行于画面的平行线其透视交于一点，透视学上称为灭点。

为了便于理解透视原理和掌握透视作图的基本方法，透视原理、规范，透视学中拟定了一定的条件和术语，以透视原理图（图 2-2-2）对照说明。

P.P 画面：透视所在的平面，垂直于基面。

G.P 基面；放置物体的水平面 (地面)。

G.L 基线：画面与基面的交线。

H.L 视平线：通过心点所作的水平线 (或等于视高的水平线)。

E 视点：人眼所在的位置。

D 距点：视点到心点的距离，投影在视平线心点的两侧。

E.L 视高：视点到基面 (地面) 的高度。

S.P 站点：人站立的位置，也称足点或视足。

C.V 心点：视点在画面上的正投影，也称主点 (亦可记作 V.Po，平行透视中唯一的消失点)。

V.P 消失点：成角透视中，两组变线消失于视平线不同位置的点，也称灭点 (可记作 V.P₁、V.P₂)。

视距：视点到画面的垂直距离，又称视心线或视中线。

M 测量点：视点到灭点的距离，投影在视平线上。

真高线：在透视图中能反映物体或空间真实高度的尺寸线。

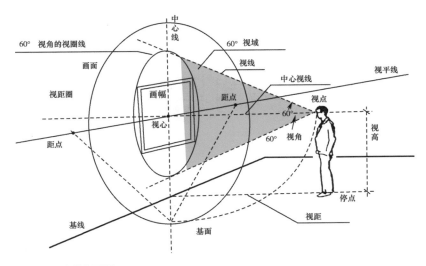

图 2-2-2 透视原理

二、室内平行透视表现（一点正透视）

（一）视高的选择

确定了视高的位置也就确定了视平线的高低。

按照成人平均身高，通常将视高确定在 1.5 ～ 1.7 米之间，按此高度绘制的透视图与成人站立时的正常视觉效果一致。但有时为了突出设计重点，可适当增加或降低视高。例如，为了突出天花板的繁复装饰或营造雄伟的空间感觉，可降低视平线；为了表现俯视效果的空间布局或体现设计的层次感，可提高视平线。不同视高的空间图如图 2-2-3 所示。

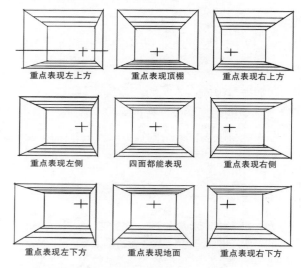

重点表现左上方　　重点表现顶棚　　重点表现右上方

重点表现左侧　　四面都能表现　　重点表现右侧

重点表现左下方　　重点表现地面　　重点表现右下方

图 2-2-3 不同视高的空间图

（二）视域与视角

人眼的视觉感应，大体可分为能觉范围、能辨范围和最清晰范围。作图时必须将取景范围限定在 60° 视圈以内，才能得到常态透视的透视图，以 28 ～ 37° 为最佳，超出这个范围，则透视图超常态，不准确。

视距等于画幅时，视角为 53°；视距是画幅的 1.5 倍时，视角为 37°；视距是画幅的 2 倍时，视角为 28°。

（三）视距的确定

视距是指视点到画面的垂直距离，即视心线，等于距离圈的半径。

从透视学上讲，距离圈半径最小不得小于视域圈半径的 1.73 倍，约等于 2 倍，这是理论上的最低限数，此时视距等于画幅；当距离圈半径是视域圈半径的 3 倍时，视距是画幅的 1.5 倍；当距离圈半径是视域圈半径的 4 倍时，视距是画幅的 2 倍。通常选择距离圈是视域圈半径的 3 ～ 4 倍最为合适。视距小于最低限数，则透视失真；视距过大，则画面过小。

（四）平行透视的特点（一点正透视）

1. 平行透视也称为一点正透视，物体的两组线，一组平行于画面，另一组水平线垂直画面，聚集于一个消失点，只有唯一的一个消失点，即心点。

2. 由两种原线——水平线和垂直线，一种变线——直角线组成如图 2-2-4 所示平行透视图。

3. 适合表现庄重、严肃的室内空间。

优点：表现范围广，纵深感强，绘制相对容易。平行透视空间图如图 2-2-5 所示。

缺点：表现不当时容易显得呆板。

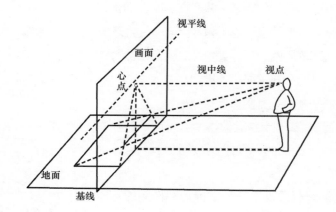

图 2-2-4 平行透视图

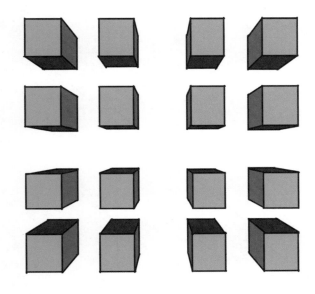

图 2-2-5 平行透视空间图

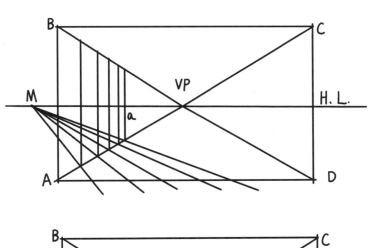

图 2-2-6 平行透视原理图

（五）平行透视绘制方法与步骤

1. 先按室内的实际比例尺寸确定 ABCD。

2. 确定视高 H. L，一般设在 1.5 ~ 1.7 m 之间。

3. 灭点 VP 及 M 点（量点）根据画面的构图任意定。

4. 从 M 点引到 A-D 的尺寸格的连线，在 A-a 上的交点为进深点，作垂线。

5. 利用 VP 连接墙壁天井的尺寸分割线。

6. 根据平行法的原理求出透视方格，在此基础上求出室内透视。平行透视原理图如图 2-2-6 所示。

（六）平行透视（一点正透视）效果图案例

平行透视（一点正透视）原理要准确，画面构图严谨，画面内容和构图要适中，角度组织要合理，适当突出主体物，刻画得细致、形象生动、线条细腻，如图 2-2-7 ~ 图 2-2-9 所示。

图 2-2-7 平行透视（一点正透视）效果图 -1

图 2-2-8 平行透视（一点正透视）效果图 -2

图 2-2-9 平行透视（一点正透视）效果图 -3

三、室内平角透视表现

（一）平角透视特点（一点斜透视）

平角透视也称一点斜透视，平角透视是一种介于两点透视和一点透视之间的透视形式，它取两者之长，既视野广阔，纵深感强，又有一定的立体感，比较接近人的直观感受。有两个灭点，一个在画面内，而另一个在画面外。主视面与画面形成一定角度，并平缓地消失于画面很远的一个灭点；而两侧墙面的延长线则消失于画面的心点。平角透视图如图 2-2-10 所示。

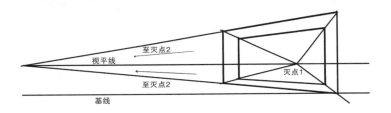

图 2-2-10 平角透视（一点斜透视）图-1

（二）平角透视绘制方法与步骤

1. 按比例画出主视立面，确定 A、B、C、D 点，完整的室内手绘效果图线稿。定出 H.L 和 C.V，并由 C.V 分别向 A、B、C、D 点引透视线，如图 2-2-11 所示。

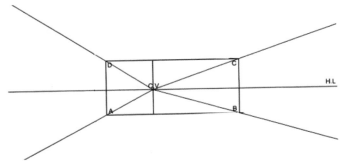

图 2-2-11 平角透视（一点斜透视）图-2

2. 然后从 B 点根据设计意图需要，任意作一条斜线交 C.VA 延长线于 E 点，从 E 点作垂线交 C.VD 延长线于 F 点，连接点 F、C 即可得到平角透视图，如图 2-2-12 所示。

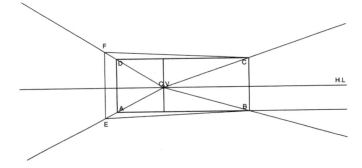

图 2-2-12 平角透视（一点斜透视）图-3

3. 在水平直线 EK 和 BL 上，按比例各自量出表示深度的点 1、2、3、4、5、6、7、8，并在视平线 H.L 上（EF 线的左侧和 BC 线的右侧）随意确定量点 M$_1$ 和 M$_2$（注意 M1G 的距离等于 M2H 的距离）。然后从 M$_1$ 和 M$_2$ 点分别向各自一侧的 1、2、3、4、5、6、7、8 点引线交于 C.VE 和 C.VB 的透视延长线，即求得了地面进深的透视等分点，如图 2-2-13 所示。

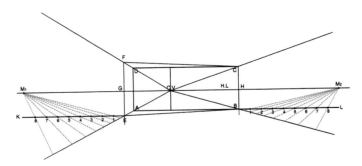

图 2-2-13 平角透视（一点斜透视）图-4

4. 连接左右两边地面进深的透视等分点，并从这些点上作垂线交于 C.VD 和 C.VC 的透视延长线上，连接各交点即作出了天、地、墙的进深透视网格，如图 2-2-14 所示。

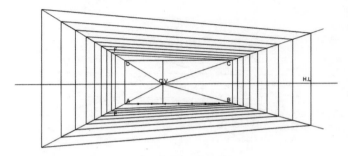

图 2-2-14 平角透视（一点斜透视）图 -5

5. 在 AB 线上按实际比例分出与平面图对应的均分点，然后从 C.V 点引透视线连接并延伸，以同样的方式画出左右墙面和天棚的透视网格，这样就完成了平角透视图网格，如图 2-2-15 所示。

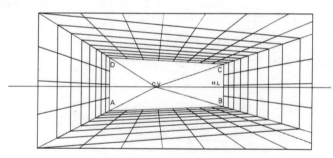

图 2-2-15 平角透视（一点斜透视）图 -6

（三）平角透视（一点斜透视）效果图案例

平角透视（一点斜透视）图面虚实要得当，突出重点，对主体物的刻画要细致，对非主体物的内容要大胆地省略。这样才能有效地表达画面的中心思想，给人极强的视觉张力，如图 2-2-16、图 2-2-17 所示。

图 2-2-16 平角透视（一点斜透视）效果图 -7

图 2-2-17 平角透视（一点斜透视）效果图 -8

四、室内成角透视表现（二点透视）

（一）成角透视（二点透视）

二点透视也称为成角透视。它的特点是物体有一组垂直线与画面平行，其他两组线均与画面成一角度，而每组有一个消失点，共有两个消失点。二点透视图的优点是效果比较自由、活泼，能比较真实地反映空间。缺点是角度选择不好易产生变形。如图 2-2-18、图 2-2-19 成角透视图所示。

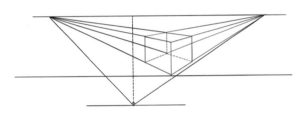

图 2-2-18 成角透视（二点透视）图

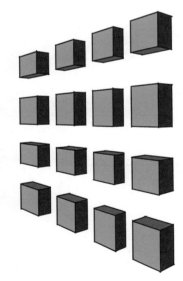

图 2-2-19 成角透视（二点透视）空间图

（二）立方体的成角透视

成角透视立方体的变线有两个消失点，称为余点，黑色线为原线，红色线为变线，成角透视原理如图 2-2-20 所示。

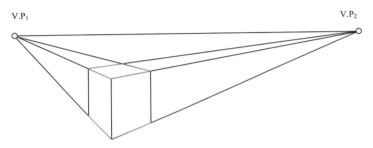

图 2-2-20 成角透视（二点透视）原理图

1. 有两个消失点，分别位于视平线上心点的两侧，可称之为左余点、右余点。

2. 由一种原线——垂直线、一种变线——成角线组成。

3. 较平行透视表现范围小，能很好地表现局部空间的设计。

（三）用视线法绘制立方体成角透视图 （图 2-2-21）。

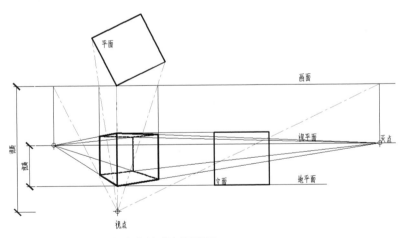

图 2-2-21 视线法绘制立方体成角透视图

（四）用量点法绘制立方体成角透视图 （图2-2-22）。

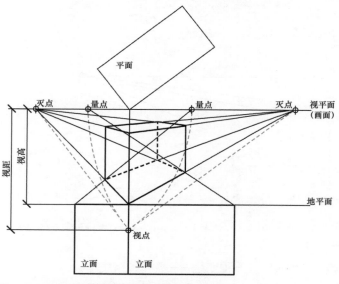

图 2-2-22 量点法绘制立方体成角透视图

（五）成角透视绘制方法与步骤

求量点 M1、M2 方法一

1. 定出真高线（墙角线）AB，作出 H.L。根据画面需要，过 A、B 两点作出两面墙的透视（两个正交的面角度约150°，为佳），在 H.L 得到 V.P$_1$ 和 V.P$_2$ 两个消失点。

2. 找出 V.P$_1$、V.P$_2$ 的中点 C，画弧交 AB 延长线于 O 点。

3. 以 V.P$_2$ 为圆心，V.P$_2$O 为半径画弧相交于 H.L 得到点 M1；以 V.P$_1$ 为圆心，V.P$_1$O 为半径画弧交 H.L 于点 M2。点 M1'、点 M2'为透视进深的测量点。成角透视原理图如图 2-2-23 所示。

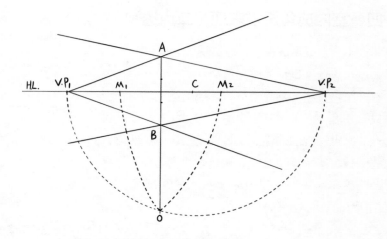

图 2-2-23 成角透视（两点透视）原理图 -1

求量点 M1、M2 方法二

1. 作平行于 H.L 的任意一条水平线 CD。

2. 以 CD 为直径作半圆与真高线 AB 延伸线相交于 E。

3. 以 CE、DE 作圆弧，交于任意水平线上的两点。

4. 这两点分别通过 B 点延伸到 H.L 上，即得到 M1、M2。成角透视绘图原理图如图 2-2-24 所示。

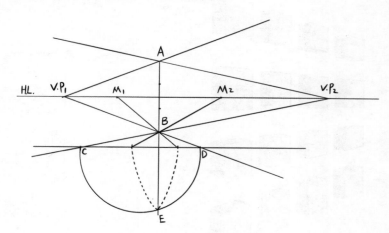

图 2-2-24 成角透视（两点透视）绘图原理图 -2

（六）简洁画法：以距点代替量点和透视灭点

成角透视绘图简洁画法图如图 2-2-25 所示。

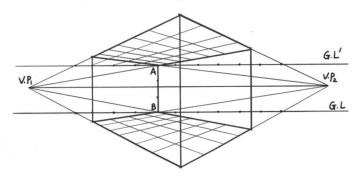

图 2-2-25 成角透视简洁画法图

（七）成角透视（二点透视）效果图案例

成角透视（二点透视）通常体现活泼、生动的图面效果，保证透视原理准确的前提下，强调图面的空间立体效果。图面中不仅要用线条表达出家具受光后的明暗对比，更重要的是区域性对比，"黑衬白"或"白托黑"的形式就是区域性对比。有利于画面重点突出和拉大空间层次，使画面有一种强对比的效果，如图 2-2-26、2-2-27 所示。

图 2-2-26 成角透视（二点透视）效果图 -1

图 2-2-27 成角透视（二点透视）效果图 -2

五、室内透视图的构图要求

1. 画透视图时，要考虑室内布局的主次，重点表现对象，墙面、顶棚、家具，哪些需要着重表现，这就需要不同的视高、视距、视角来调整。

2. 室内空间布局处理要得当，避免有的角度拥挤，有的角度空，可用绿植、小品适当调整画面。

3. 画面的气氛，也可用绿植、陈设、人物等穿插绘画，但要注意比例关系。

4. 画面应有虚实感，突出主要部分，强调主要部分的色彩、线条。客厅平行透视效果图如图 2-2-28 所示。

图 2-2-28 客厅平行透视效果图

任务实施

通过引入的企业设计案例——上海旭辉平湖平国府样板间案例，进行透视效果图的绘制，绘制标准的室内空间透视图，合理布局室内陈设，按正确比例、透视进行手绘表现，完成一张完整的室内透视效果图绘制。

现代元素与东方元素在材质的组合中，实现空间与人的融合，亦实现城市中居住空间与生活的完美和谐。在城市中拥有一座宅邸，一个传达高雅、自生品位的居住空间。每一个细节都反复打磨，专注于设计的雕琢。大面积选用木饰面，现代的设计材料、现代的家具，在局部选用东方的元素，棉麻材质的应用，实现隐约而含蓄的东方之美。每一件艺术饰品与家具的独有质感，在不张扬的细节之中，刻画出空间的细腻感、层次感。起承整个空间的材质与元素，书写都市丰富多彩的生活。绘制作品参考实景图如图 2-2-1 所示。

任务实施步骤

步骤 1：室内空间透视图采用二点透视（成角透视）进行绘制。要体现项目设计中最精华的部分、最主要表达的空间元素、最丰富的层次等都需要合适的构图及透视方式。另外，好的构图也是透视效果图中一个重要的环节。表现整体空间时，把认为最需要表现的部分放在画面中心。对较小的空间要有意识地夸张，使实际空间相对放大，并且要把其周围的场景尽量绘制得全面一些。尽可能选择层次较丰富的角度。如果没有特殊需要，尽量把视点放低一点。两个消失点距离相对远一些。

运用尺规画出二点透视的原理，确定画面视平线位置、立面墙面交界线位置、二个消失点 VP₁ 和 VP₂ 位置。透视效果图如图 2-2-29 所示。

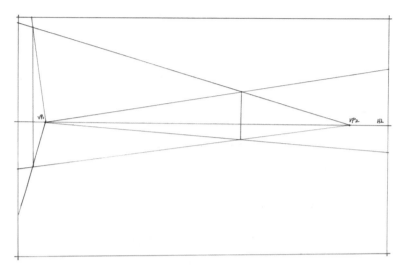

图 2-2-29 上海旭辉平湖平国府样板间卧室成角透视效果图 -1

步骤 2：运用红色笔标出透视图中家具在地面上的投影平面，绘制出空间顶棚面大体构造，窗体构造，床体、床头柜及地毯大概体块位置，透视效果图如图 2-2-30 所示。

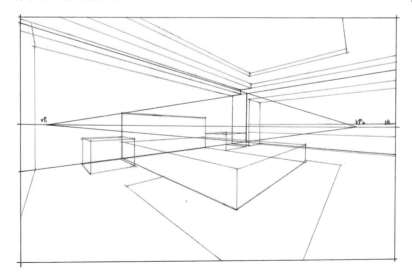

图 2-2-30 上海旭辉平湖平国府样板间卧室成角透视效果图 -2

项目 2 室内小空间家居方案设计

67

步骤 3：运用钢笔线描技法继续深入刻画空间效果，从整体–局部–整体，反复钻研。刻画过程中，运笔线条收放自如，线条力度适当突出主体物，处理好空间物体的前后遮挡关系等。流畅的线条是一幅设计图成功的关键，作画时要一气呵成，胸有成竹。线条的组织排列要根据表现对象的特点来选择是用横线还是用竖线，直线还是曲线。最后调整画面效果，完成透视效果图，如图 2-2-31 所示。

图 2-2-31 上海旭辉平湖平国府样板间卧室成角透视效果图 -3

练一练

1. 完成一幅单线的透视效果图绘制，掌握透视图原理的绘制过程。

2. 运用透视原理，根据规范的设计要点，认真、严谨地临摹如下参考图，如图 2-2-32、图 2-2-33 所示。

图 2-2-32 客厅平行透视效果图

图 2-2-33 客厅成角透视效果图

任务 3
组合家具造型设计表现

任务描述

本任务所选的案例为企业设计出品的南京金地新力都会学府销售中心样板间实景图（图 2-3-1）。南京金地新力都会学府室内设计理念是希望开启过去与未来的时空魔法，通过无数次交叠，编织成一个个令人驻足的"美好"、关于未来、关于希望、也关于遗憾和错过，都化为值得珍藏的记忆和人文的情怀。该设计研究的是人与空间的关系，但空间的时间性也同样值得关注。过去的记忆往往成为空间潜在的情感共鸣触发器，而古典建筑风格在空间的表现上是华丽而高贵的，设计将本案视为一个时空站，用现代设计手法开启过去、对话未来。此项任务需要依据南京金地新力都会学府销售中心样板间实景图，画出实景图中的组合家具造型设计表现、小空间起居室效果图表现等内容，实景如图 2-3-1 所示。

图 2-3-1　南京金地新力都会学府销售中心样板间起居室实景图

任务解析

手绘方案表现图的完成，要通过完成该项目案例中相关学习组合家具造型设计表现、学会室内小空间设计项目流程，小空间家居表现，从而推导完成本项目手绘方案表现图。通过分析南京金地新力都会学府销售中心样板间设计过程，学会组合家具造型设计表现，掌握钢笔线描技法，运用不同笔触绘制塑造空间组合形态。完成室内小空间家居组合家具造型设计表现图绘制。

一、线条的形态艺术

　　造型是空间设计的基础，是绘制手绘效果图的第一步。首先要运用透视规律来表现物体的结构，搭建空间框架，然后再运用艺术性的手法表现明暗、色彩、质感，最终完成空间表现图，从而体现设计者的意图。在绘制形态过程中，重点在于透视的表现，单是以单线来表现立体感还不够充分，为了加强立体效果还必须用明暗关系来处理。在表现手绘效果图中，素描中的三大面五大调的运用可根据设计效果的需要进行概括和简化。在实际设计表现中，要根据效果图的不同用处，来选择复杂与概括的表现方法，以便更清楚地表达设计构想。

　　（一）将复杂的形态几何化，归纳形态，化繁为简。归纳形态表现图如图 2-3-2 所示。

　　（二）简单概括几何形态，简单形与复杂形的对比以及不同几何形的对比。几何形态推演表现图如图 2-3-3 所示。

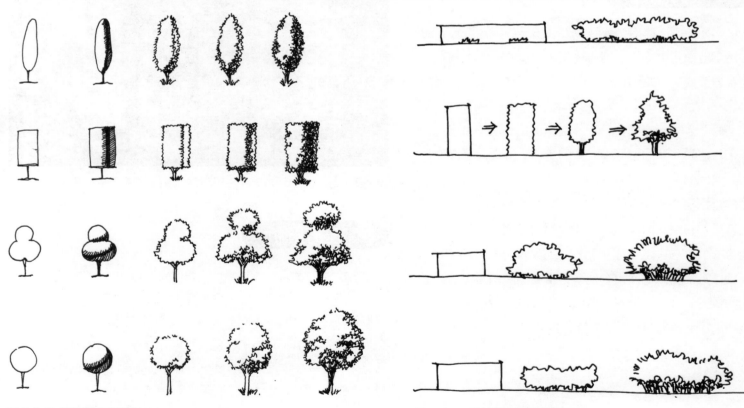

图 2-3-2 归纳形态表现图　　　　　　　　　　　　　图 2-3-3 几何形态推演表现图

二、陈设品组合表现

主要训练陈设品组合绘制的表达能力。通过钢笔线描基本技法的学习，灵活使用钢笔线描技法绘制陈设品组合效果、陈设品组合表现。通常运用徒手绘制线条来表现陈设品组合。

（一）陈设品组合的构图

1. 单元格的多样性。

2. 线条的收放自如。

3. 画面内容和构图不宜过饱合。

4. 角度组织要合理，适当突出主体物。

5. 处理好空间物体的前后遮挡关系等。

微课视频

陈设品组合表现

（二）陈设品组合表现图（图2-3-4）。

图 2-3-4 陈设品组合表现图

三、室内小空间设计项目流程

室内小空间设计项目流程一般可分为设计准备（谈单）、方案设计、施工图、施工验收等几个阶段，特别是在谈单、方案设计和施工图阶段都需要较强的手绘能力才可以较好地完成工作。设计流程要严格遵循职业岗位标准及制图规范。在谈单阶段，首先需要量房，绘制房屋内部原始结构草图，为后面的方案设计做准备。室内小空间设计流程图如图 2-3-5 ～图 2-3-8 所示。

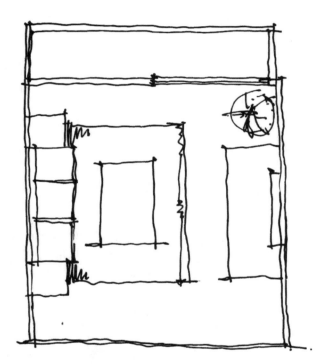

图 2-3-5 室内小空间设计流程图 -1

在谈单过程中需要做平面布置的设计方案及一些立面造型，手绘能快速且直观地表达出想法及造型设计，同时，积极发挥设计的主观创造性，能够很快利用草图把平面布置转化成空间，成为与客户沟通交流的语言。

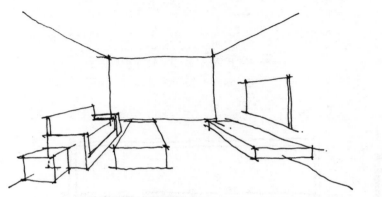

图 2-3-6 室内小空间设计流程图 -2

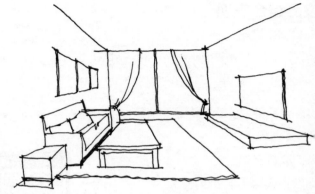

图 2-3-7 室内小空间设计流程图 -3

　　完善手绘稿，达到较接近真实的一个效果展示给客户。设计承上启下，在后期制作施工图阶段，可以绘制较细致的平面图、剖面图、立面图来指导施工。

图 2-3-8 室内小空间设计流程图 -4

四、小空间家居表现

主要训练小空间家居表现能力。开始作图前，可以先用铅笔轻轻地勾画出物体的空间位置、大体概貌，然后用钢笔、针管笔准确地刻画。绘图时出现误笔不宜修改，绘图前要做好充分准备，落笔前要对画面整体的安排做到心中有数。

（一）小空间家居表现——线条规律

1. 对比

运用"对比中求和谐"，在"调和中求对比"的原则，合理运用对比和统一，使画面产生均衡的对比美。

（1）形状的对比：包含了对称形与非对称形的对比，简单形与复杂形的对比以及各类几何形的对比。

（2）线条的对比及节奏感：对钢笔画来说，线条的疏密关系很重要。一幅好的作品中，勾线往往是疏密得当，形成一种生动节奏。

（3）虚实对比：图面虚实要得当，突出重点，对主体物的刻画要细致，对非主体物要大胆地省略。这样才能有效的表达画面的中心思想，给人极强的视觉张力。

（4）明暗对比：不仅是物体受光后自身的明暗对比，更重要的是区域性对比，"黑衬白"或"白托黑"的形式就是区域性对比。有利于画面重点突出和拉大空间层次，使画面有一种强对比的效果。

2. 统一中的渐变

在室内表现中，渐变运用得当，会形成一种和谐美，使空间显示出渐增或渐减的进深韵律，从而产生特殊的视觉效果。

（1）从大到小的渐变

指基本形由小到大，或由大到小的渐变和空间的逐渐递增变化。使画面有强烈的深远感和节奏感，起到一

种良好的导向作用。

（2）明与暗的渐变

指画面的强弱对比由强向弱逐渐转变，是一种虚实关系的转变。能表现内容的主次、虚实等效果。

（二）室内小空间家居表现图（图2-3-9～图2-3-15）。

图2-3-9 室内小空间家居表现图 -1

图 2-3-10 室内小空间家居表现图 -2

图 2-3-11 室内小空间家居表现图 -3

图 2-3-12 室内小空间家居表现图 -4

图 2-3-13 室内小空间家居表现图 -5

图 2-3-14 室内小空间家居表现图 -6

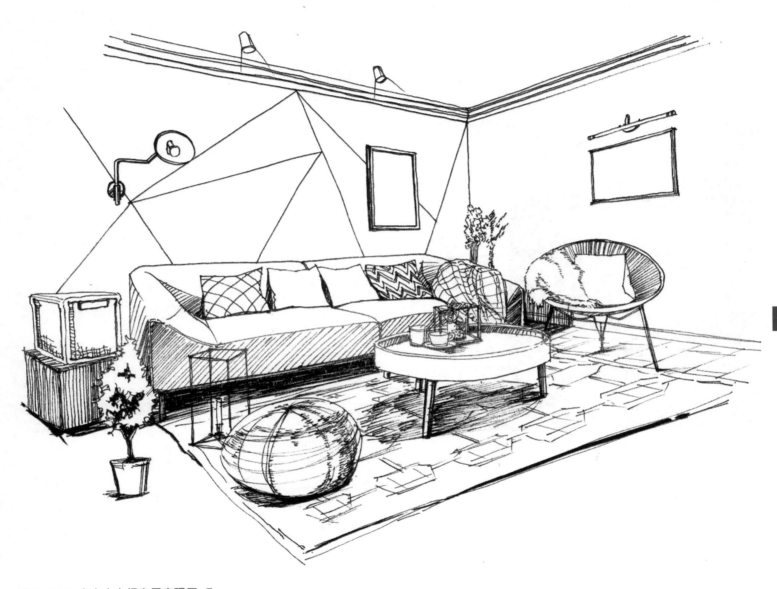

图 2-3-15　室内小空间家居表现图 -7

任务实施

通过引入的南京金地新力都会学府销售中心样板间案例，进行小空间家居手绘方案表现图的绘制，主要通过3个步骤完成小空间家居起居室手绘方案表现图的绘制，绘制作品参考实景图如图2-3-16所示。

图 2-3-16 南京金地新力都会学府销售中心样板间起居室实景图

任务实施步骤

步骤1：准备好绘图工具。复印纸或白色绘图纸、铅笔、钢笔、针管笔等。钢笔线描绘制小空间家居表现图。绘制画面基本透视原理，注意画面构图恰当、合理，如图2-3-17所示。

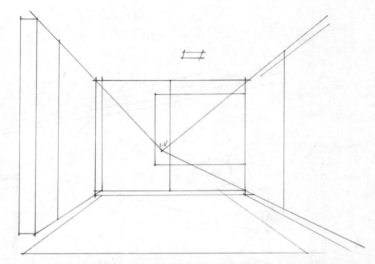

图 2-3-17 南京金地新力都会学府销售中心样板间起居室透视图 -1

步骤2：钢笔线描表现形体，无论是借助尺规还是徒手画线，前提是透视准确、结构合理，其次是注意明暗及体现材质的表达。绘图时要准确地把握好透视和比例关系，如图2-3-18所示。

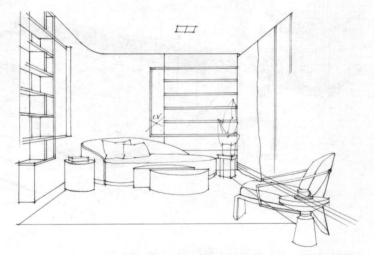

图 2-3-18 南京金地新力都会学府销售中心样板间起居室透视图 -2

步骤 3：细心刻画，行笔要轻松，还要注意行笔的节奏、线条的开合，形体结构转折交接的线条要闭合，最后将每个局部深入刻画，调整好画面的明暗关系，左右两侧虚化处理，突出主体的空间位置，如图 2-3-19 所示。

图 2-3-19 南京金地新力都会学府销售中心样板间起居室透视图 -3

练一练

运用手绘方案表现图钢笔线描技法，临摹小空间家居手绘方案表现图如图 2-3-20 ～图 2-3-22 所示。

图 2-3-20 小空间家居手绘方案表现图 -1

图 2-3-21 小空间家居手绘方案表现图 -2

图 2-3-22 小空间家居手绘方案表现图 -3

▼ 项目总结

　　本项目引入企业设计推出的真实设计案例－南京金地新力都会学府销售中心样板间和上海旭辉平湖平国府叠墅样板间，从学习案例单体家具造型设计表现入手、分析了单体家具造型设计、进行了手绘方案表现设计流程的分析；学会钢笔线描的勾线形式，分析多种透视图原理，进行透视效果图表现，组合家具造型设计表现，通过绘制，学会透视原理及方法，熟练应用，运用透视准确画出小空间家居手绘方案表现图。学习过程中，要树立高尚的职业道德意识，借鉴设计项目中蕴含的文化底蕴，积极发挥独立自主的创造性思维。

思政园地

　　弘扬民族文化，倡导创新和兼容并蓄。具有服务人民与奉献社会的核心价值观、重视设计内涵、设计责任、团队荣誉感、能够与小组成员合作共同完成任务。能够根据设计项目，遵守国家相关行业规范、遵循职业道德、遵守建筑制图标准、发挥创新能力。

项目 3

室内大空间方案设计

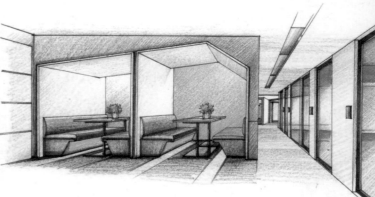

项目导入

　　本项目来源于企业设计推出的真实设计案例，该项目需要运用手绘方案表现技法根据融创开平潭江首府别墅设计项目、沈阳华润昭华里设计项目、南京茂空间联合办公设计项目、複地成都办公空间设计项目、昂司蛋糕奇幻空间设计项目、深圳市卓晟装饰设计有限公司推出的武汉宝安山水龙城样板房设计项目、重庆双子星座样板房设计项目等主要相关设计实景图，完成项目中室内大空间家居方案手绘表现图设计、学会绘制室内大空间家居手绘方案表现图。

学习目标

知识目标	1. 能够根据项目提供的实景图，绘制出室内大空间家居方案设计表现图。
	2. 能够理解彩色铅笔技法概念，熟知彩色铅笔技法绘制方法。
	3. 能够独立运用彩色铅笔技法绘制出手绘方案表现图。
能力目标	1. 能够运用彩色铅笔技法绘制出客厅及书房空间设计表现。
	2. 能够运用彩色铅笔技法绘制出餐饮空间设计表现。
	3. 能够运用彩色铅笔技法绘制出办公空间设计表现。
素养目标	1. 具有团队意识、能够与小组成员合作共同完成任务。
	2. 弘扬民族文化，倡导创新和兼容并蓄。坚持健康、安全、环保、绿色的设计理念。
	3. 遵守国家相关行业规范、国家职业技能标准。积极发挥创新能力、高标准完成手绘任务。

项目实施

任务1
客厅设计表现

任务描述

　　本任务所选的案例为融创开平潭江首府别墅客厅局部实景图（图3-1-1），此次开展的项目是对本案某户型客厅空间进行彩色铅笔技法手绘表现图的绘制，学会从钢笔线描线稿的阶段到运用彩色铅笔技法表现绘制步骤，完成手绘方案表现图。此次任务需要依据融创开平潭江首府别墅实景图，用彩色铅笔技法画出实景图中的室内单体陈设品、家具，以及客厅设计表现等内容，实景图如图3-1-1、图3-1-2所示。

图 3-1-1 融创开平潭江首府别墅客厅局部实景图

图 3-1-2 融创开平潭江首府别墅客厅实景图

该项目设计灵感源于"听风声、看水色、赏月影，安居山水间"故设计以浅色木饰面为基调，搭配墙面富有自然肌理感的石材，干净而通透的玻璃屏风，联结不同维度的江景，增加空间通透度和仪式感，意在有限的空间中打造舒适、宁静，并富有禅意感的生活方式。

▼ 任务解析

通过完成该项目案例中客厅空间设计手绘方案表现图的绘制，强调运用彩色铅笔技法完成室内客厅效果图，在实践过程中掌握彩色铅笔的特性，熟练应用彩色铅笔基础技法，学会运用彩色铅笔绘制室内单体陈设品及家具，绘制客厅空间设计手绘方案表现图。

▼ 知识链接

一、色彩中的彩铅世界

色彩是体现设计理念、丰富画面的重要手段。一般效果图的色彩应力求简洁、概括、生动，减少色彩的复杂程度。用彩色铅笔表现效果图时，色彩层次细腻，易于表现丰富的空间轮廓，色块一般用密排的彩色铅笔线画出，利用色块的重叠，产生更多的色彩。也可以用笔的侧锋在纸面平涂，涂出的色块是由规律排列的色点组成，不仅速度快，而且有一种特殊的类似印刷的效果。彩色铅笔表现效果图通常选用水溶性彩色铅笔，水溶性彩色铅笔的附着力较强，利用彩色铅笔表现效果图不仅可以表现色彩的关系、物体明暗关系，还可以表现出不同材质

的质感效果。要根据不同表面材质的特征使用相应的运笔方式。如有的表面肌理不显著，运笔可保持同一方向，涂色用笔要快速，干净利落，而暗部涂色可采用有变化的笔触，色彩有冷暖的差别。色彩应用自如、笔法精益求精。彩色铅笔技法手绘方案表现图如图 3-1-3 所示。

图 3-1-3　彩色铅笔技法手绘方案表现图 -1

二、彩色铅笔的特性

彩色铅笔是设计师较喜爱的一种着色工具。它携带方便，色彩丰富，附着力强，表现手法快捷、简便，非常适合设计表现图的快速着色。彩色铅笔也可以通过精细的排列组合使色彩层次过渡细腻、自然，从而达到逼真的效果。

因为彩色铅笔笔头大小及其他特性的限制，作画时不要选择过大的画幅，一般选用 A3，A4 幅面较多，最大不要超过 A2。

三、彩色铅笔的基础技法及训练

　　彩色铅笔的绘制技法与铅笔画的绘制技法类似，都是运用排线的手法，表现物体的质感、体感和层次关系。

　　彩色铅笔表现室内整体环境要先从单体家具或景物练习，注意刻画的内容之间相互配合以及用光影、明暗关系将刻画的内容有机地联系到一起。

　　彩色铅笔的绘制方法有：排线法、交叉排线法、点画法、混色法、渐变法、覆盖法、涂刷效果。彩色铅笔技法手绘方案表现图如图 3-1-4 所示。

图 3-1-4　彩色铅笔技法手绘方案表现图 -2

四、彩色铅笔绘制室内单体陈设品及家具

彩色铅笔绘制室内单体陈设品及家具的表现要遵循一定的科学性，严谨地按照透视关系和制图标准起稿，对光影、色彩的处理要依据色彩学理论来操作，在实用功能上要按人体工程学的要求来设计表现，并要像科学家对待科学研究一样认真操作。彩色铅笔绘制室内单体陈设品及家具表现图如图 3-1-5~ 图 3-1-12 所示。

图 3-1-6　彩色铅笔绘制室内家具表现图 -1

图 3-1-5　彩色铅笔绘制室内单体陈设品表现图

图 3-1-7　彩色铅笔绘制室内家具表现图 -2

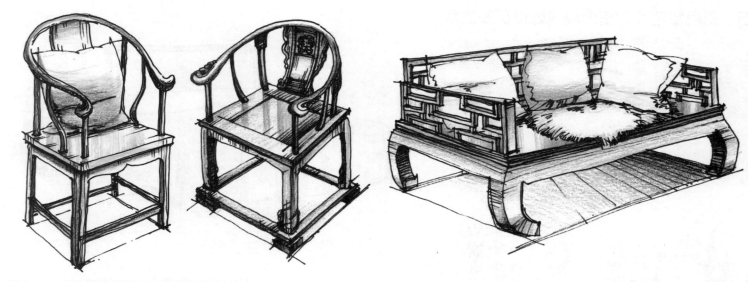

图 3-1-8　彩色铅笔绘制室内家具表现图 -3

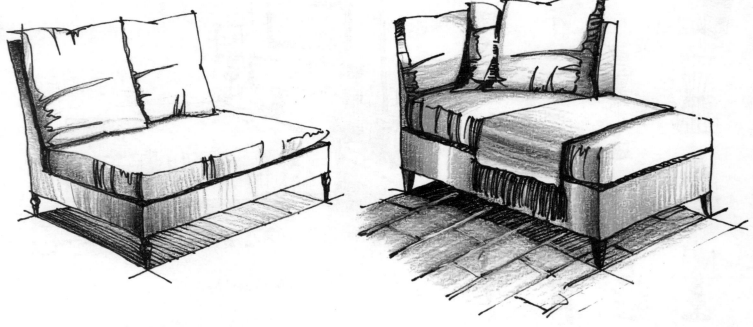

图 3-1-9　彩色铅笔绘制室内家具表现图 -4

对于彩色铅笔绘制室内家具表现中要通过技法刻画结构的稳定性、家具陈设的水平性、前后空间及光线的矛盾性也应遵循科学规律去表现。在不同的室内场景环境表现中，对于家具类型、软硬材质的表达方式、彩色铅笔技法着色线条排列等，都应科学地绘制，不能违背设计规律。

微课视频

彩铅技法上色
技巧

图 3-1-10　彩色铅笔绘制室内家具表现图 -5

图 3- 1-11　彩色铅笔绘制室内家具表现图 -6

图 3- 1-12 彩色铅笔绘制室内家具表现 -7

五、彩色铅笔绘制客厅空间的表现

主要通过对线条的排列、叠加、疏密、曲直、粗细等组合产生不同的表现效果。

（一）线条的表现力

1. 实物"外边"的线条：物体的轮廓线。

2. 实物"内部"的线条：象征物体内部的结构及材质表现。

3. 线条的疏密程度：代表物体的明暗程度。

4. 运线注意问题：力度（起笔、收笔力度较大，中间力度较轻，这样的线有力度和飘逸感）变化（有韵律和节奏，抑扬顿挫，表现出一定的质感和光感）

（二）彩色铅笔技法的绘画要点

1. 尽量少用擦除工具。彩色铅笔虽然易于擦除，但擦多了会使画面有软弱无力之感，而且比较脏。

2. 用短线条来加强所画物体的轮廓。

3. 为了画出某个物体的清晰轮廓，可以用便利贴粘贴在所画物体轮廓边缘的纸张上，适当遮挡来进行绘制。

4. 彩色铅笔上色一般是从最浅的颜色开始，然后逐渐过渡到深色。或者可以由一种能够表现明暗关系的颜色起稿，然后在其单色稿上面逐层绘制物体的固有色。彩色铅笔技法手绘方案表现图如图 3-1-13、图 3-1-14 所示。

图 3-1-13 彩色铅笔技法手绘方案表现图 -1

图 3-1-14 彩色铅笔技法手绘方案表现图

任务实施

通过引入的融创开平潭江首府别墅设计项目和沈阳华润昭华里设计项目案例，运用彩色铅笔技法完成客厅空间手绘方案表现图，进行客厅空间彩色铅笔技法的训练，完成客厅空间内局部陈设的绘制，绘制作品参考实景图如图 3-1-15、图 3-1-21 所示。

任务实施步骤

运用彩色铅笔技法完成客厅空间手绘方案表现图，强调室内客厅空间各物体之间的材质对比，画面的明暗关系、物体在空间中的前后关系要明确。

项目案例 1：融创开平潭江首府别墅设计项目 – 手绘方案表现　融创开平潭江首府别墅设计项目客厅实景图如图 3-1-15 所示。

图 3-1-15 融创开平潭江首府别墅设计项目客厅实景图

步骤 1：准备好绘图工具。白色绘图纸、铅笔、钢笔、针管笔、水溶性彩色铅笔等。钢笔线描勾勒客厅空间框架，由浅入深的进行彩色铅笔上色。注意绘制过程中工具的使用规范、

透视原理应用方法规范、绘制流程规范，绘制作品步骤如图 3-1-16 所示。

图 3-1-16 客厅手绘方案表现图钢笔线描稿

步骤 2：用彩色铅笔进行着色，着色时，首先选择浅色同色系彩色铅笔针对木质家具或墙体进行排线刻画，胆大心细，绘制严谨，绘制作品步骤如图 3-1-17 所示。

图 3-1-17 客厅手绘方案表现图彩色铅笔稿步骤 -1

步骤 3：继续深入刻画，用相同色系中颜色较深的彩色铅笔反复多遍数地排线上色。运用暖黄色在场景中大面积铺色，营造出环境色。彩色铅笔技法运笔时色彩柔和、笔法细腻。结合平行透视（一点透视）表现客厅场景，对于客厅家具表现中结构的稳定性、家具陈设的水平性、前后空间及光线的矛盾性也应遵循科学规律去表现，绘制作品步骤如图 3-1-18 所示。

图 3-1-19　客厅手绘方案表现图彩色铅笔稿步骤 -3

步骤 5：在深入刻画过程中，要遵循科学的绘图流程，彩色铅笔绘制颜色要从整体－局部－整体有针对性地选色、着色，把控好图面效果，直至完成表现图绘制。彩色铅笔技法在表现过程中，既要如实反映设计内容的真实性，又要合理地适度夸张、概括与取舍，运用素描、色彩关系、构图美学原理来营造画面气氛，增强艺术表现效果，绘制作品步骤如图 3-1-20 所示。

图 3-1-18　客厅手绘方案表现图彩色铅笔稿步骤 -2

步骤 4：彩色铅笔技法着色时选择互补色进行不同材质的表现，如软质感的坐垫运用夸张的紫色作为环境色，用于映射原木色系，平衡图面色彩关系。平行透视（一点透视）表现客厅场景，形式一般较为规矩周正。在结合彩色铅笔技法表现时，成熟的技巧、动感的线条、完美的构图、精美的画面能为图面设计平添不少风采，增加效果图的艺术感染力，绘制作品步骤如图 3-1-19 所示。

图 3- 1-20 客厅手绘方案表现图彩色铅笔稿步骤 -4

项目案例2：沈阳华润昭华里设计项目 – 手绘方案表现　沈阳华润昭华里设计项目客厅空间实景图如图 3-1-21 所示。

图 3-1-21 沈阳华润昭华里设计项目客厅空间实景图

步骤 1：先用钢笔或针管笔画出空间轮廓，初学者可先用铅笔起稿，然后用钢笔或针管笔仔细刻画，画线稿时要准确把握好透视和比例关系。客厅手绘方案表现图钢笔线描稿如图 3-1-22 所示。

图 3- 1-22 客厅手绘方案表现图钢笔线描稿

步骤 2：在钢笔或针管笔线稿基础上，由浅入深地对物体进行塑造，上色时不要用力过重，避免出现笔芯断裂和画面出现条纹。严格按照绘图工具使用规范进行绘制。客厅手绘方案表现图彩色铅笔稿步骤如图 3-1-23 所示。

图 3- 1-23 客厅手绘方案表现图彩色铅笔稿步骤 -1

步骤 3：精细准确地透视，逼真地表现作品的科学性。根据所画空间物体的色相、明暗深入刻画，注意画面颜色不要太满，要留白，使画面有透气感，同时要把握好色彩间的协调与统一。客厅手绘方案表现图彩色铅笔稿如图 3-1-24 所示。

图 3- 1-24 客厅手绘方案表现图彩色铅笔稿步骤 -2

步骤 4：通过彩色铅笔将物体空间材料质感表现出来，把握画面的虚实变化、主次关系和冷暖对比。严谨规范地制图，有效地表现作品的实用性。客厅手绘方案表现图彩色铅笔稿如图 3-1-25 所示。

图 3-1-25 客厅手绘方案表现图彩色铅笔稿步骤 -3

步骤 5：深入调整，把握好画面整体的色彩关系，达到画面的和谐与统一。效果图最后进行整体 – 局部 – 整体调整，修饰、点高光处理，完善设计图，协调完美的色彩，充分地体现作品的艺术性。客厅手绘方案表现图彩色铅笔稿如图 3-1-26 所示。

图 3-1-26 客厅手绘方案表现图彩色铅笔稿步骤 -4

练一练

完成一幅彩色铅笔技法表现的手绘方案表现图绘制，掌握彩色铅笔技法的绘制过程。绘制深圳市卓晟装饰设计有限公司出品的武汉宝安山水龙城样板房实景图如图 3-1-27 所示。彩色铅笔绘制步骤如图 3-1-28~图 3-1-31 所示。

图 3-1-27 武汉宝安山水龙城样板房实景图

图 3-1-28 武汉宝安山水龙城样板房钢笔线描稿

图 3- 1-30 武汉宝安山水龙城样板房彩色铅笔稿步骤 -2

图 3-1-29 武汉宝安山水龙城样板房彩色铅笔稿步骤 -1

图 3-1-31 武汉宝安山水龙城样板房彩色铅笔稿步骤 -3

任务 2
书房设计表现

任务描述

此项目引入主要案例为融创开平潭江首府别墅设计项目和沈阳华润昭华里设计项目案例，此次任务需要依据融创开平潭江首府别墅设计项目和沈阳华润昭华里设计项目实景图，画出实景图中的书房设计表现等内容。融创开平潭江首府别墅书房实景图如图 3-2-1 所示。

图 3-2-1 融创开平潭江首府别墅书房实景图

"壁间水墨画，为尔拂尘埃。"水墨画仿佛和帕里斯灰大理石墙面融为一体，挥毫几笔，东方禅意呈现。又从现代的元素里面寻觅了颜色、材质，通过东方禅意美学的融合，将鲜亮的明黄与水墨重组，为书房的沉静空间提亮。方正笔直的造型，展现出一种深邃的画面效果，减去繁杂的装饰，回归于自然淳朴。共享杯盏的无声从容，减压去噪，回归真我。

任务解析

此任务要通过完成该项目案例中书房设计表现绘制，学会运用彩色铅笔技法绘制书房空间表现图。通过分析融创开平潭江首府别墅书房实景图设计过程，学会对书房空间进行彩色铅笔技法的绘制，学会用彩色铅笔技法绘制书房空间方法与步骤，完成手绘方案表现图。

知识链接

一、书房设计要点

书房又称家庭工作室，是作为阅读、书写以及业余学习、研究、工作的空间。特别是从事文教、科技、艺术工作者必备的活动空间。书房是为个人而设的私人空间，是最能体现居住者习惯、个性、爱好、品位和专长的场所。功能上要求创造静态空间，以幽雅、宁静为原则。同时要提供主人书写、阅读、创作、研究、书刊资料贮存以及兼有会客交流的条件。

　　书房中的空间主要有收藏区、读书区、休息区。书房应该尽量占据朝向好的房间，相比于卧室，书房的自然采光更重要。读书可以怡情养性，与自然交融。书桌的摆放位置与窗户位置很有关系，一要考虑光线的角度，二要考虑避免电脑屏幕的眩光。

　　书房颜色的要点是柔和、平静，最好以冷色为主，如蓝、绿、灰紫等，尽量避免过多跳跃和对比的颜色。书房是居住空间中文化气息最浓的地方，不仅要有各类书籍，许多收藏品，如绘画、雕塑、工艺品都可装点其中，塑造浓郁的文化气息。如果选择得当，许多用品本身也是一件不错的装饰。可以塑造环境空间意境、强化艺术氛围，突出书房空间陈设品装饰重点。

二、彩色铅笔绘制书房空间的绘画技巧

　　书房空间是工作的地方，在材质表现上，书房空间会有较多的不锈钢和玻璃材质。颜色上多使用一些沉稳安静的颜色，颜色搭配相对简单，整体多使用偏冷色或偏灰色的色调。在手绘书房空间时，在用线上与居住空间较为一致，简洁概括即可。用色上相对单一，多做一些颜色区分工作，可添加植物区来丰富空间的整体色彩。书房手绘方案表现图如图3-2-2、图3-2-3所示。

图 3-2-2　书房手绘方案表现图 -1

图 3-2-3　书房手绘方案表现图 -2

▼ 任务实施

通过引入的融创开平潭江首府别墅设计项目和沈阳华润昭华里设计项目案例，运用彩色铅笔技法完成书房空间手绘方案表现图，进行书房空间彩色铅笔技法的训练，完成书房空间内局部陈设的绘制。绘制作品参考实景图如图3-2-1、图3-2-9所示。

任务实施步骤

运用彩色铅笔技法完成书房空间的绘制及局部陈设的绘制，强调书房空间各物体之间的材质对比，画面的明暗关系、物体在空间中的前后关系要明确。

项目案例1：

融创开平潭江首府别墅设计项目书房实景图如图3-2-1所示。

步骤1：准备好绘图工具。白色绘图纸、铅笔、钢笔、针管笔、水溶性彩色铅笔等。初学者可先用铅笔起稿、再用钢笔线描勾勒出书房空间框架、运用彩色铅笔由浅入深刻画。注意绘制过程中工具的使用规范、透视原理应用方法规范、绘制流程规范，绘制作品步骤如图3-2-4所示。

步骤2：用彩色铅笔进行书房绘制时，首先可以对墙体及家具暗部进行排线刻画。做好底色铺垫。绘图要注意笔触笔法按照一定秩序有序排列，绘制作品步骤如图3-2-5所示。

图 3-2-4 书房手绘方案表现图钢笔线描稿

图 3-2-5 书房手绘方案表现图彩色铅笔稿步骤 -1

步骤 3：继续深入刻画，用表现木材质感的颜色，从浅色到深色，反复多遍数地排线上色，强化材质效果。运用暖黄色在场景中大面积铺色，营造出环境色。彩色铅笔技法结合平行透视（一点正透视）表现客厅场景，有利于表现书房家具结构的稳定性、家具陈设的静谧性。前后空间及光线的明亮也应遵循科学规律去表现，绘制作品步骤如图 3-2-6 所示。

步骤 4：深入刻画过程中，彩色铅笔技法要表现出成熟的技巧，秩序严谨的线条、比例适当的构图、精美的画面为图面设计增添不少风采，增加了效果图的艺术感染力，绘制作品步骤如图 3-2-7 所示。

步骤 5：书房的表现要遵循科学的绘图流程，彩色铅笔绘制要从整体 – 局部 – 整体有针对性地选色、着色，把控好图面效果，直至完成表现图绘制，绘制作品步骤如图 3-2-8 所示。

图 3-2-7 书房手绘方案表现图彩色铅笔稿步骤 -3

图 3-2-6 书房手绘方案表现图彩色铅笔稿步骤 -2

图 3-2-8 书房手绘方案表现图彩色铅笔稿步骤 -4

项目案例 2：沈阳华润昭华里设计项目 – 手绘方案表现

沈阳华润昭华里设计项目书房空间实景图如图 3-2-9 所示。

图 3-2-9 沈阳华润昭华里设计项目书房空间实景图

步骤 1：采用平角透视（一点斜透视）绘制。先用钢笔或针管笔画出空间轮廓，初学者可先用铅笔起稿，然后用钢笔或针管笔仔细刻画，画线稿时要准确地把握好透视和比例关系。书房手绘方案表现图钢笔线描稿如图 3-2-10 所示。

步骤 2：在钢笔或针管笔线稿基础上，用彩色铅笔由浅入深地对书房整体环境进行铺色，上色时不要用力过重，便于随时调整笔触线条表现。严格按照绘图工具使用规范进行绘制。书房手绘方案表现图彩色铅笔稿如图 3-2-11 所示。

图 3-2-10 书房手绘方案表现图钢笔线描稿

图 3-2-11 书房手绘方案表现图彩色铅笔稿步骤 -1

步骤 3：深入刻画，彩色铅笔笔触遵循规律性和秩序性。透视精细准确、逼真地表现作品的科学性。同时要把握好色彩间的协调与统一。书房手绘方案表现图彩色铅笔稿如图 3-2-12 所示。

步骤 4：继续深入刻画。通过彩色铅笔将物体空间材料质感表现出来，把握玻璃和金属质感材质区别。颜色冷暖对比明显，发挥主观创造性思维。书房手绘方案表现图彩色铅笔稿如图 3-2-13 所示。

步骤 5：最后进入画面调整阶段，把握好画面整体的色彩关系，达到画面的和谐与统一。效果图最后进行整体－局部－整体的调整，完善设计图。书房手绘方案表现图彩色铅笔稿如图 3-2-14 所示。

图 3-2-13　书房手绘方案表现图彩色铅笔稿步骤 -3

图 3-2-12　书房手绘方案表现图彩色铅笔稿步骤 -2

图 3-2-14　书房手绘方案表现图彩色铅笔稿步骤 -4

练一练

　　完成一幅彩色铅笔技法表现的书房手绘方案表现图绘制，掌握彩色铅笔技法的绘制过程。绘制如深圳市卓晟装饰设计有限公司出品的重庆双子星座样板间书房实景图如图 3-2-15 所示。彩色铅笔绘制书房效果图如图 3-2-16 所示。

图 3-2-15　重庆双子星座样板间书房实景图

图 3-2-16　彩色铅笔绘制书房效果图

任务3

餐饮空间设计表现

任务描述

　　本任务所选的案例为企业设计的昂司蛋糕奇幻空间设计项目和複地成都办公空间设计项目。昂司蛋糕奇幻空间设计项目凭借前所未有的空间规划与各式各样的蛋糕款式，首次定义了一座蛋糕博物馆应有的概念。此次任务需要依据昂司蛋糕奇幻空间设计项目和複地成都办公空间设计项目实景图，画出实景图中的餐饮空间表现等内容。昂司蛋糕奇幻空间设计项目实景图如图3-3-1所示。

图3-3-1　昂司蛋糕奇幻空间设计项目实景图

　　人们在餐饮空间中就餐、午后茶歇，短暂的惬意时光中获得自我存在感。茶饮区与咖啡区，在承担功能性的同时，也提供更多人与人近距离互动的机会。每一道美食的出品中，繁复工序的代入都不自觉地增加了人们的体验值。

任务解析

此任务要通过完成该项目案例中餐厅空间设计的基本程序 – 餐饮空间设计手绘方案设计阶段，学会运用彩色铅笔技法绘制餐饮空间表现图。通过分析昂司蛋糕奇幻空间设计项目实景图设计过程，学会用彩色铅笔绘制餐饮空间的方法与步骤，完成手绘方案表现图。

知识链接

一、餐饮空间设计要点

不论餐厅空间是什么形态、什么类型，经营什么餐饮，不管他的文化背景如何，体现什么文化品位，所划分空间的大小、形式、组合方式，都必须从功能出发，注重餐厅空间设计的合理性。餐厅是一个生产产品和销售产品的复杂综合体，有满足产品销售的大厅，有满足产品生产的厨房，有招揽客人的门面，还有其他配套的服务设施，如卫生间、储藏间、机房、更衣室等。所以餐厅设计的格局大体上分为外观设计、室内设计、厨房设计三大部分。

餐厅内部的格局是指各不同功能的空间布局合理，座位安排及餐位数合理等基本功能要求。餐厅的内部空间，按其使用功能，可分为客用空间（用餐区、接待室、衣帽间等）、公用空间（盥洗间、电话间等）、管理空间（服务台、办公室等）、流动空间（通道、走廊等）等，必须达到比例恰当，布局合理，点面结合，错落有致。此外，还要完善动线的安排，也就是人流的格局。人流格局包括：客人的人流格局、服务人员的人流格局、产品流线的格局。人流线路安排的基本要求是：尽可能分流，进出门分设，客用通道与服务通道相对分离，避免交叉碰撞，尽量选取直线，避免迂回曲线，通道的宽度要符合营业服务的需要。

就餐氛围是服务中消费者和企业之间交流的媒介，营造轻松、快乐、富有情趣的就餐氛围是餐饮类空间设计的核心之一。就餐氛围的营造要结合空间的主题和客人的心理，如中式餐厅往往是团体用餐，参与人员较多，可以从较高的照度、开敞的空间等角度营造隆重、喜庆的氛围；西餐厅一般是单人或双人餐，可以让空间半围合，让客人有相对隐私的空间。

餐饮类空间家具主要以餐桌椅、沙发、接待柜台、餐厅吧台、收款台等为主，其选择主要是根据餐厅性质、产品风味、经营方式、接待对象等来确定。如散座、零点餐厅的餐台要2人台、4人台、6人台、8-10人台综合配备，包房餐厅则以8-10人以上餐台为主，中餐以圆桌为主、西餐厅以长桌为主、日本餐厅则以小桌为主。造型和色彩要与整体装饰风格协调一致，功能上讲究舒适实用。餐饮空间就餐区实景图如图3-3-2、餐饮空间局部就餐区手绘方案表现图如图3-3-3所示。

图 3-3-2 餐饮空间就餐区实景图

图 3-3-3 餐饮空间局部就餐区手绘方案表现图

二、彩色铅笔绘制餐饮空间的绘画技巧

（一）餐饮空间是工作的地方，在材质上，餐饮空间会有较多的不锈钢和玻璃材质。

（二）颜色上多使用一些沉稳安静的颜色，颜色相对来说搭配简单，整体多使用偏冷色或偏灰色的色调。

（三）在手绘餐饮空间时，彩色铅笔技法线条表现与居住空间表现较为一致，简洁概括即可。

（四）用色上相对单一，颜色区分多做一些工作，可添加植物区来丰富空间的整体色彩。餐饮空间实景图如图 3-3-4 所示。

餐饮空间局部就餐区手绘方案表现图如图 3-3-5、图 3-3-6 所示。

图 3-3-4 餐饮空间实景图

图 3-3-5 餐饮空间局部就餐区手绘方案表现图

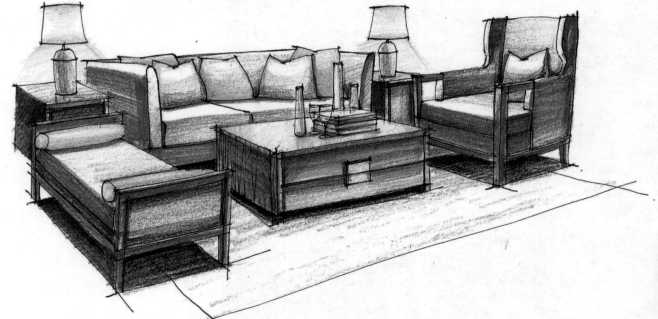

图 3-3-6 餐饮空间局部就餐区手绘方案表现图

微课视频

彩铅技法绘制
餐饮空间表现

↓ 任务实施

通过引入的昂司蛋糕奇幻空间设计项目和複地成都办公空间设计项目案例，运用彩色铅笔技法完成餐饮空间手绘方案表现图，进行餐饮空间彩色铅笔技法的训练，完成餐饮空间内局部陈设的绘制，绘制作品实景图如图 3-3-1、图 3-3-13 所示。

任务实施步骤

运用彩色铅笔技法完成餐饮空间效果图，强调室内餐饮空间各就餐区域之间的空间布置及色彩使用的区别，就餐座椅及餐桌、摆台材质对比，图面的构图比例，就餐分区在空间中的关系要明确。

项目案例 1：昂司蛋糕奇幻空间设计

昂司蛋糕奇幻空间设计是设计师的一场冒险之旅。如果闻声前来的汹涌人流，仅仅因为倾倒于昂司的奇幻空间，沉醉于它的极致想象，而不去了解它从无到有，大舍细入的过程，那么这座蛋糕博物馆只是陈列的空架子，有关它的天马行空之举终将无人知晓。

作为一家巨型蛋糕店，由线上转入线下，昂司本身的商业价值与风险并存。从原先的酒吧改造为综合性的蛋糕店，这要求设计团队在设计思维之中还需要注入足量的商业思维，最终创造出 1+1>2 的呈现价值，因此，只有极具冒险精神的设计师，积极发挥创造性思维，才能胜任这场 200％冒险系数的设计之旅。

昂司蛋糕奇幻空间实景图如图 3-3-7 所示。

图 3-3-7 昂司蛋糕奇幻空间实景图

步骤 1：准备好绘图工具。白色绘图纸、铅笔、钢笔、针管笔、水溶性彩色铅笔等。初学者可先用铅笔起稿、再用钢笔线描勾勒餐饮空间框架、运用彩色铅笔由浅入深刻画。注意绘制过程中工具的使用规范、透视原理应用方法规范、绘制流程规范。餐饮空间手绘方案表现图钢笔线描稿如图 3-3-8 所示。

图 3-3-8 餐饮空间手绘方案表现图钢笔线描稿

步骤2：用彩色铅笔进行餐饮空间绘制时，首先可以对墙体及墙立柱暗部进行排线刻画，做好底色铺垫。同时，用暖黄色大面积铺色，营造温馨的就餐氛围，认真细致地描绘，表达充分，绘图要注意笔触笔法按照一定秩序排列，绘制作品步骤如图3-3-9所示。

步骤3：继续深入刻画，用表现布绒质感的颜色，从浅到深，反复多遍数地排线上色，强化材质效果。继续运用暖黄色在场景中大面积铺色，强化环境氛围。彩色铅笔技法结合规范的透视原理表现餐厅场景，对于餐厅家具陈设的温馨性、蛋糕店的甜蜜氛围，前后空间及光线的明亮也应遵循科学规律去表现，绘制作品步骤如图3-3-10所示。

图 3-3-9 餐饮空间手绘方案表现图彩色铅笔稿步骤 -1

图 3-3-10 餐饮空间手绘方案表现图彩色铅笔稿步骤 -2

步骤 4：深入刻画过程中，彩色铅笔技法要表现出成熟的技巧、秩序严谨的线条、比例适当的构图、精美的画面为图面设计增添风采，增加效果图的艺术感染力，绘制作品步骤如图 3-3-11 所示。

步骤 5：餐饮空间的表现要遵循科学的绘图流程，彩色铅笔绘制要从整体－局部－整体，有针对性地选色、着色，把控图面效果，直至完成表现图绘制，绘制作品步骤如图 3-3-12 所示。

图 3-3-11 餐饮空间手绘方案表现图彩色铅笔稿步骤 -3

图 3-3-12 餐饮空间手绘方案表现图彩色铅笔稿步骤 -4

项目案例 2：複地成都办公空间设计项目

该设计项目以奶酪为设计灵感，把办公、会议、洽谈、休憩、餐饮等功能集合，将空间集合成复合体块的形式，在大的体块中建立出不同形态的功能块，既有空间整体的连贯完整又包含了不同功能的趣味组合。 複地成都办公空间设计项目餐饮空间实景图如图 3-3-13 所示。

步骤 1：采用平角透视（一点斜透视）绘制。先用钢笔或针管笔画出空间轮廓，初学者可先用铅笔起稿，然后用钢笔或针管笔仔细刻画，画线稿时要准确地把握好透视和比例关系。餐饮空间手绘方案表现图钢笔线描稿如图 3-3-14 所示。

图 3-3-13 複地成都办公空间设计项目餐饮空间实景图

图 3-3-14　餐饮空间手绘方案表现图钢笔线描稿

步骤 2：在钢笔或针管笔线稿基础上，用彩色铅笔由浅入深地对餐饮空间整体环境进行铺色，上色时不要用力过重，便于随时调整笔触线条表现。严格按照绘图工具使用规范进行绘制。餐饮空间手绘方案表现图彩色铅笔稿如图 3-3-15 所示。

步骤 3：深入刻画，彩色铅笔笔触遵循规律性和秩序性。精细准确、透视逼真地表现作品的科学性。同时，要把握好色彩间的协调与统一。手绘方案表现中对于实地场景的纯白色墙面可以采用紫色结合墨蓝色进行环境色的表现，夸张的色彩运用手法，彰显了彩色铅笔技法的艺术效果。餐饮空间手绘方案表现图彩色铅笔稿如图 3-3-16 所示。

图 3-3-15　餐饮空间手绘方案表现图彩色铅笔稿步骤 -1

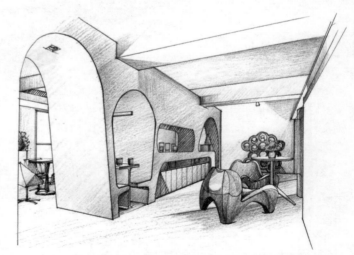

图 3-3-16　餐饮空间手绘方案表现图彩色铅笔稿步骤 -2

步骤4：继续深入刻画。通过彩色铅笔将物体空间材料质感表现出来，把肌理纹墙面漆料和亚克力质感材质区别。颜色冷暖对比明显。科技感十足的就餐座椅运用紫色和墨蓝色多遍数着色，体现色彩浓烈且厚重。避免采用纯黑色表现沉闷的色彩效果。同时着色过程中排线的变化要发挥主观创造性思维，营造光亮的家具效果。餐饮空间手绘方案表现图彩色铅笔稿如图 3-3-17 所示。

步骤5：最后进入画面调整阶段，把握好画面整体的色彩关系，达到画面的和谐与统一。效果图最后进行整体－局部－整体调整，完善设计图。餐饮空间手绘方案表现图彩色铅笔稿如图 3-3-18 所示。

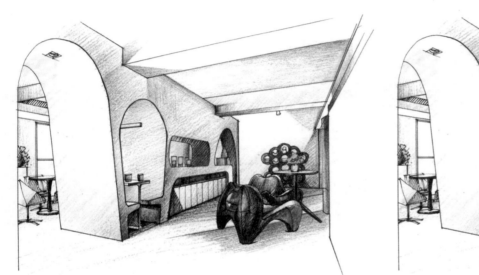

图 3-3-17　餐饮空间手绘方案表现图彩色铅笔稿步骤 -3　　　　图 3-3-18　餐饮空间手绘方案表现图彩色铅笔稿步骤 -4

练一练

完成一幅彩色铅笔技法表现的餐饮空间手绘方案表现图绘制，掌握彩色铅笔技法的绘制过程。绘制如矩阵纵横出品的昂司蛋糕奇幻空间设计实景图如图 3-3-19 所示，彩色铅笔绘制效果图如图 3- 3-20 ～图 3-3-24 所示。

图 3-3-19 昂司蛋糕奇幻空间设计实景图

图 3-3-20 餐饮空间手绘方案表现图钢笔线描稿

图 3-3-21　餐饮空间手绘方案表现图彩色铅笔稿步骤 -1

图 3-3-22 餐饮空间手绘方案表现图彩色铅笔稿步骤 -2

图 3-3-23 餐饮空间手绘方案表现图彩色铅笔稿步骤 -3

图 3-3-24　餐饮空间手绘方案表现图彩色铅笔稿步骤 -4

任务 4
办公空间设计表现

任务描述

　　本任务所选的案例为企业设计的世茂南京茂空间联合办公设计项目 MWORKS 茂空间实景图（图 3-4-1），位于江苏南京，是世茂商业在服务式办公领域的一次全新探索。本案设计目的不仅仅是提供空间服务，它还提供一种协作联结，更提供一种生活方式。项目室内设计定位为有颜值、高效率、正能量、有温度的一站式办公空间。此次任务需要依据世茂南京茂空间联合办公设计项目 MWORKS 茂空间实景图，画出实景图中的办公空间设计表现等内容，实景图如图 3-4-1 所示。

图 3-4-1　世茂南京茂空间联合办公设计项目 MWORKS 茂空间实景图

设计以开放式平面布局最大限度地增加空间感，光与流动。一层接待大堂将问询与接待功能巧妙地融合在一起，人们可以在这里畅谈业务。使用者可在宽敞有趣的多功能厅聆听讲座，也可以平静而简单地享受闲暇时光。接待大堂中间蜿蜒的楼梯将各个楼层的公共空间融为一体，使整个环境更加活跃。每个区域的氛围与气场，分别以色彩定义各功能空间。由于人们对人际关系的追求不断增加，灵动的办公空间意味着交流和碰撞。在工作中结识有趣的人，与各领域有创意的思想者建立起的协作网络，不断寻找灵活的空间和知识共用，一起创造新的可能。

任务解析

此任务要通过完成该案例中办公空间手绘方案的设计，运用彩色铅笔绘制办公空间表现图，学会对本案例办公空间进行彩色铅笔技法的绘制，学会绘制办公空间的方法与步骤，完成手绘方案表现图。

知识链接

一、办公空间设计要点

办公空间是一种开放空间与封闭空间并存的人类工作形态，办公空间包含着一种敞开的人际交流场所。

办公空间设计不仅包含了艺术装饰元素的应用，还是对空间的各个方面如人体工程学，建筑结构与配套设备，声、光、电等多方面技术的整合。

办公空间的设置与构成，因单位性质的不同而有所区别。如建筑设计事务所，它的办公空间的组成有模型室、电脑室、资料室、展示室、设计总监办公室、设计室、文印室等；而行政管理办公环境则由财务部门、人事部门、组织部门、行政秘书部门、总务部门、各级科室管理部门等构成；生产性质的办公环境功能空间组成有：经营部门、安全部门、生产计划部门、公关部门、质检部门、材料供应部、微机室、产品展示室等。在办公室设计时应根据具体单位的性质和其他所需，给予相应的功能空间设置及设计构想定位。这直接关系设计思路是否正确、价值取向是否合理等根本问题。办公空间洽谈区实景图如图3-4-2所示。办公空间洽谈区、办公空间行政管理办公室手绘方案表现图如图3-4-3、图3-4-4所示。

图 3-4-2 办公空间洽谈区实景图

图 3-4-3 办公空间洽谈区手绘方案表现图

图 3-4-4 办公空间行政管理办公室手绘方案表现图

二、彩色铅笔绘制办公空间的绘画技巧

（一）办公空间是工作的地方，在材质表现上，办公空间会有较多的墙面饰材和不锈钢材质。

（二）颜色上选用沉稳的颜色，颜色相对来说简洁明亮，整体多使用偏冷色色调。提升办公环境氛围。

（三）在手绘办公空间时，彩色铅笔技法线条表现上，层次鲜明，简洁概括。

（四）用色上用相对单一的颜色表现，颜色区分多做一些工作，可添加植物区来丰富空间的整体色彩。办公空间会议室实景图如图 3-4-5 所示。办公空间会议室手绘方案表现图如图 3-4-6 所示。

图 3-4-5 办公空间会议室实景图

微课视频

彩铅技法绘制
办公空间表现

图 3-4-6 办公空间会议室手绘方案表现图

任务实施

　　通过引入的世茂南京茂空间联合办公设计项目 MWORKS 茂空间项目案例，运用彩色铅笔技法完成办公空间手绘方案表现图，进行办公空间彩色铅笔技法的训练，完成办公空间内局部陈设的绘制，绘制作品实景图如图 3-4-7 所示。

图 3-4-7　世茂南京茂空间联合办公设计项目 MWORKS 茂空间实景图

任务实施步骤

运用彩色铅笔技法完成办公空间效果图，强调室内办公空间不同办公区域之间的协调统一，画面的明暗关系、色调表现力要明确。

项目案例：世茂南京茂空间联合办公设计项目 MWORKS 茂空间

步骤 1：准备好绘图工具。白色绘图纸、铅笔、钢笔、针管笔、水溶性彩色铅笔等。初学者可先用铅笔起稿、再用钢笔线描勾勒办公空间框架、运用彩色铅笔由浅入深地刻画。注意绘制过程中工具的使用规范、透视原理应用方法规范、绘制流程规范。办公空间手绘方案表现图钢笔线描稿如图 3-4-8 所示。

图 3-4-8 办公空间手绘方案表现图钢笔线描稿

步骤 2：用彩色铅笔进行办公空间绘制时，首先可以对墙体造型进行排线刻画，做好底色铺垫。同时，用橙黄色大面积铺色，营造高辨识度的洽谈氛围，认真细致地描绘，表达充分，绘图注意笔触笔法按照一定秩序排列，绘制作品步骤如图 3-4-9 所示。

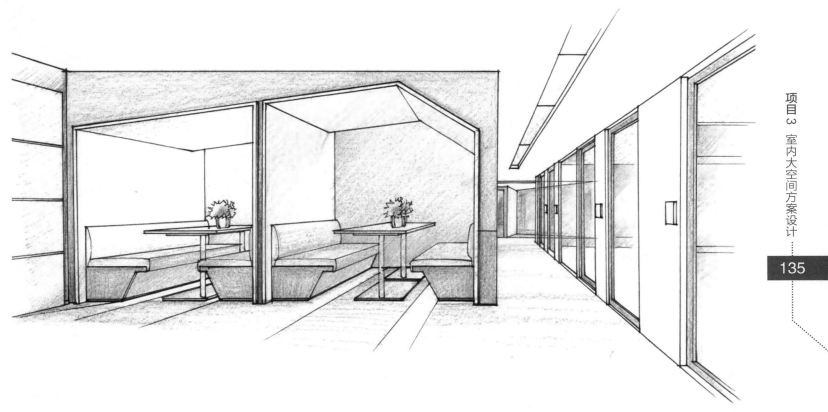

图 3-4-9 办公空间手绘方案表现图彩色铅笔稿步骤 -1

步骤 3：继续深入刻画，从浅色到深色，反复多遍数地排线上色，强化材质效果、环境氛围。手绘方案技法应遵循科学规律去表现，绘制作品步骤如图 3-4-10 所示。

图 3-4-10 办公空间手绘方案表现图彩色铅笔稿步骤 -2

步骤 4：深入刻画过程中，彩色铅笔技法要表现出成熟的技巧、秩序严谨的线条、比例适当的构图，绘制作品步骤如图 3-4-11 所示。

图 3-4-11 办公空间手绘方案表现图彩色铅笔稿步骤 -3

步骤 5：办公空间的表现要遵循科学的绘图流程，彩色铅笔绘制颜色要从整体－局部－整体，把控好图面效果，直至完成表现图绘制，绘制作品步骤如图 3-4-12 所示。

图 3-4-12 办公空间手绘方案表现图彩色铅笔稿步骤 -4

练一练

　　完成一幅彩色铅笔技法表现的办公空间手绘方案表现图绘制，掌握彩色铅笔技法的绘制过程，绘制如深圳市卓晟装饰设计有限公司出品的重庆双子星销售中心办公空间设计项目彩色铅笔绘制效果图如图 3-4-13～图 3-4-16 所示。

图 3-4-13 办公空间手绘方案表现图钢笔线描稿

图 3-4-14 办公空间手绘方案表现图彩色铅笔稿步骤 -1

项目 3 室内大空间方案设计

141

图 3-4-15 办公空间手绘方案表现图彩色铅笔稿步骤 -2

图 3-4-16 办公空间手绘方案表现图彩色铅笔稿步骤 -3

▼ 项目总结

本项目引入企业设计推出的真实设计案例——融创开平潭江首府别墅设计项目、沈阳华润昭华里设计项目、世茂南京茂空间联合办公设计项目、复地成都办公空间设计项目、昂司蛋糕奇幻空间设计项目、深圳市卓晟装饰设计有限公司推出的武汉宝安山水龙城样板房设计项目、重庆双子星座样板房设计项目相关设计案例。本项目从学习案例中手绘方案彩色铅笔技法入手，学会设计项目中的室内大空间家居方案手绘表现图设计、学会绘制室内大空间家居手绘方案表现图。绘制效果图过程中要汲取优秀案例的设计内涵及文化底蕴，发扬文化自信，发挥独立自主的创造性思维；同时要遵循建筑制图规范，遵守国家职业技能标准，树立精益求精的工匠精神。

思政园地

遵循制图规范，遵守职业道德规范，树立精益求精的工匠精神。具有团队意识、能够与小组成员合作共同完成任务。弘扬民族文化，发扬文化自信，倡导创新和兼容并蓄。坚持健康、安全、环保、绿色的设计理念。

项目4

室内平面布局设计及方案材质表现

项目导入

　　本项目来源于企业设计推出的真实设计案例，该项目需要运用手绘方案表现技法根据中梁旭辉壹号院别墅实景图，完成项目中平面布置图表现、立面布置图表现、室内设计方案材质表现。

　　本项目结合企业设计推出的中梁旭辉壹号院别墅相关设计案例，通过案例中手绘方案表现的方式让学生学会设计项目中的室内小空间家居方案草图设计、室内小空间家居方案草图表现。

学习目标

知识目标	1. 能够根据项目提供的实景图，绘制出平面布置图、立面布置图及设计方案材质表现
	2. 能够理解马克笔技法特性，熟知马克笔技法
	3. 能够运用马克笔技法绘制出平面布置图、立面布置图及设计方案材质表现图
能力目标	1. 能够按步骤完成室内平面布置图
	2. 能够按步骤完成室内立面布置图
	3. 能够按步骤完成设计方案材质表现
素养目标	1. 具有团队意识、能够与小组成员合作共同完成任务
	2. 具有精益求精的工匠精神，能够严格遵守职业规范
	3. 积极发挥创新能力，高标准完成手绘任务

项目实施

任务1

平面布置图绘制

▼ 任务描述

本任务所选的案例为中梁旭辉壹号院别墅局部空间实景图，如图4-1-1所示，项目位于江门市蓬江区杜阮镇群华路南侧，此次开展的项目是对本案例中某户型平面布置图进行马克笔技法绘制平面布置手绘方案表现图，学会从钢笔线描稿的阶段到运用马克笔技法表现绘制步骤，完成平面布置图。此次任务需要依据中梁旭辉壹号院别墅实景图，用马克笔技法绘制出实景图中的平面布置图等内容。中梁旭辉壹号院别墅线条的流动在空间里贯穿始终，设计采用大面积温润的米白色，绿色的点缀让生活增添一抹新意，构建出空间的气质轮廓，挑空空间引入充沛的天光与草木绿相互点染、衬托，整个空间显得明亮轻盈，有生命力，给人一种会呼吸的宁静感受。在设计上为了追求大空间所带来的尺度感，设计师摒弃了过多的隔断与装饰，使用原木色隔而不断的空间格局，从材质的构成中自然地延伸，实景如图4-1-1，平面布置图如图4-1-2所示。

图 4-1-1 中梁旭辉壹号院别墅局部空间实景图

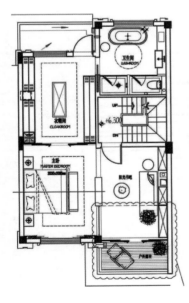

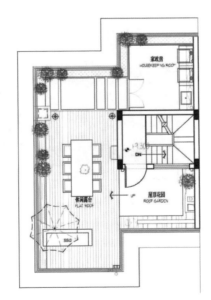

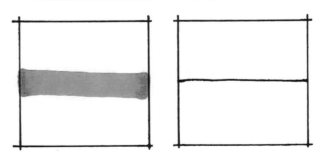

图 4-1-2　中梁旭辉壹号院别墅设计项目平面布置图

任务解析

　　使用马克笔技法绘制平面布置手绘方案表现图，要通过完成该项目案例中相关训练（平面布置图绘制）强调运用马克笔技法完成平面布置图效果。在实践过程中掌握马克笔的特性，熟练应用马克笔基础技法。通过分析中梁旭辉壹号院别墅设计项目平面布置图设计过程,学会运用马克笔技法绘制平面布置手绘方案表现图。

知识链接

一、马克笔技法

　　马克笔以其绚丽的色彩、快捷高效的施色方式深受设计师的青睐。马克笔使用起来便捷、快速、画面效果艺术性强，能生动地表达设计师的设计思想，彰显设计独特的魅力与艺术气质等特点，越来越受到设计师的重视。马克笔技法在设计表现中有着不可替代的位置，对它的学习与应用将是设计师不懈地追求。

二、马克笔的笔法和笔触

　　1. 直线基本笔法如图 4-1-3 所示。

图 4-1-3 直线基本笔法

笔法介绍：

直线是马克笔的基础笔法。用马克笔画直线时可根据毛笔"一"字的笔锋来运笔，运笔时要做到有头有尾。同时，马克笔在纸面上停留时间不宜过长，下笔时要快速、果断、干脆，起笔、运笔、收笔的力度要均匀。

2. 阵列直线笔法如图 4-1-4 所示。

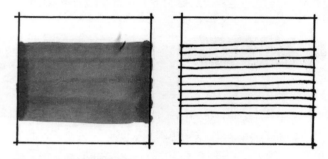

图 4-1-4 阵列直线笔法

笔法介绍：

用直线的运笔方式，均匀、整齐地将直线排列下来，直线与直线之间无缝隙，衔接自然，起笔和收笔保持整齐。阵列直线笔法适于体块、面的塑造。

横向排列的笔触多用于表现物与物的平直交接面，如地面、顶面等。

竖向排列的笔触多用于表现物体立面，能够增强形体的纵深感，也用于表现规则形体的倒影与反光，如复合木地板、瓷砖地面及各种反光较强的台面。

斜向排列的笔触多用于表现结构清晰明确的平面，如墙面、木地板、扣板吊顶等。需要注意的是，在用笔时，用笔的方向要和物体结构及透视协调统一。

3. 折线笔法如图 4-1-5 所示。

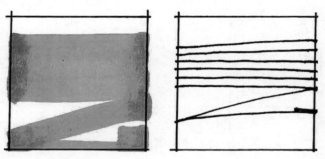

图 4-1-5 折线笔法

笔法介绍：

整齐排列直线三四笔后，连笔倾斜 45° 画一笔，再用马克笔的侧锋连笔，画一条细的直线，连笔点缀一点（运笔过程中一定要连笔并快速）。最后一点的"点"技法，可以以点带线，以点带面，做到点、线、面的结合，使画面更加生动。该笔法多用于表现景观水景倒影，室内空间地面倒影等。

4. 交叉折线连笔法如图 4-1-6 所示。

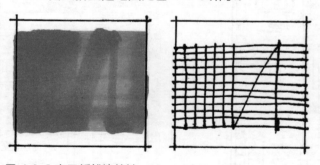

图 4-1-6 交叉折线连笔法

笔法介绍：

是前面两种笔法的综合运用，可以丰富画面效果（注意交叉叠加时要等第一遍完全干透，否则两遍色彩容易融合在一起而失去清晰的笔触轮廓）。

5. 两边轻中间重的笔法如图 4-1-7 所示。

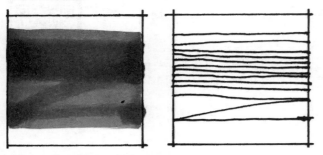

图 4-1-7 两边轻中间重的笔法

笔法介绍：

这种笔法是阵列直线笔法和折线笔法的结合，采用直线的运笔方式，均匀、整齐地将直线排列下来后，在中间均匀地运笔，排列出交叉折线连笔的笔法。在室内效果图中常运用于室内沙发、瓷砖和木地板的表现，如果覆盖一遍颜色，则多用于室外效果图中的石板路面和建筑墙体的绘制。

6. 疏密间隔笔法如图 4-1-8 所示。

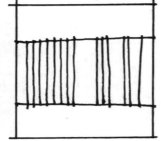

图 4-1-8 疏密间隔笔法

笔法介绍：

疏密间隔笔法，横向运笔时，要整齐地排列直线，线之间的间隔要把握好，不宜留太大，要连贯，同时要注意笔触上多下少及层与层的疏密渐变关系，一层一层笔触逐渐减少，最后用直线概括。竖向运笔时，

笔头垂直整齐、快速地排列，竖线之间的间隙要控制得当，线与线之间，要有微妙的方向变化关系，这样笔法才会显得有节奏、生动。不同形状的面应采用不同的排列方式。正方形可竖排、横排，也可交叉排列。

7. 短线、点组合笔法如图 4-1-9 所示。

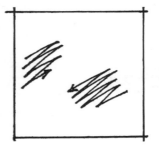

图 4-1-9 短线、点组合笔法

笔法介绍：

用笔时，将马克笔的侧锋倾斜 45° 与纸面接触，快速地往 45° 的方向排列两到三笔，每笔之间间隔不要过大，在末端连贯地运用"点"笔法，进行收笔、点缀。这种笔法多用于表现植物，有时刻画一些玻璃质感的过渡和反光加重，及一些毛面质感的明暗过渡也会用到。

8. 左右射线笔法如图 4-1-10 所示。

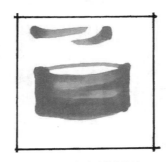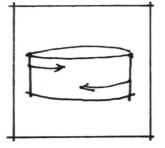

图 4-1-10 左右射线笔法

笔法介绍：

起笔时用力，然后提笔往运笔方向快速扫去，使中间的颜色淡一些。收笔力度控制好，不要超出物体的界限。用于塑造圆柱体、弧形墙，花瓶，还可用于表现柔软材质，如窗帘、床罩、沙发等。

三、室内平面布置图技法应用

主要训练马克笔技法表现室内平面布置图，了解室内平面布置图采用马克笔技法的绘制过程，根据马克笔技法的特点，突出室内平面布置图表现力，灵活使用马克笔技法表现室内平面布置图。

室内平面布置图技法应用，前提是准备绘画工具。白色绘图纸、铅笔、钢笔、针管笔、马克笔等。初学者可先用铅笔起稿，再用钢笔或针管笔勾线，根据室内空间设计规划，画出室内整体空间轮廓，画出平面布置，运用马克笔的不同笔触、笔法来塑造室内平面布置图效果。

微课视频

平面布置图绘制

任务实施

通过引入的中梁旭辉壹号院别墅设计项目案例，运用马克笔技法完成室内平面布置图，进行室内平面布置图马克笔技法表现。主要通过 3 个步骤完成平面布置图的绘制，绘制作品如图 4-1-2 所示。

任务实施步骤

步骤 1：钢笔线描技法勾勒客厅空间平面框架，注意绘制过程中工具的使用规范、按照合理的构图比例，方法正确，绘制流程规范，绘制作品步骤如图 4-1-11 所示。

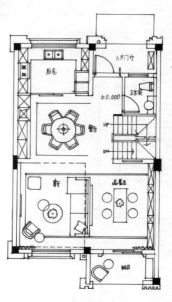
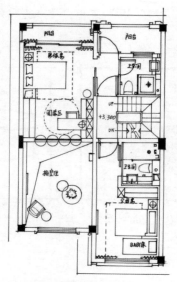
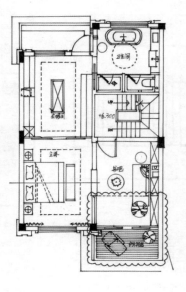
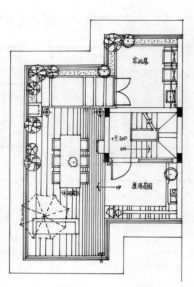

图 4-1-11　中梁旭辉壹号院别墅设计项目平面布置图线稿

步骤 2：用冷灰色调马克笔勾勒墙体结构。突出墙体结构位置。逐渐深入刻画，绘制出大理石地面材质，用亮丽色彩勾画出空间中的绿植及水体颜色，绘制作品步骤如图 4-1-12 所示。

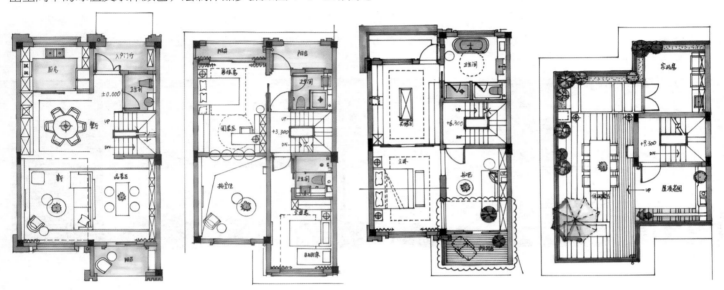

图 4-1-12 中梁旭辉壹号院别墅设计项目平面布置图着色稿 -1

步骤 3：完善平面布置图，绘制出地面材质，画出光影效果，调整整体色调。注意绘制过程中工具的使用规范，按照合理的构图比例，方法正确，绘制流程规范，绘制作品步骤如图 4-1-13 所示。

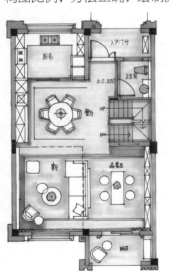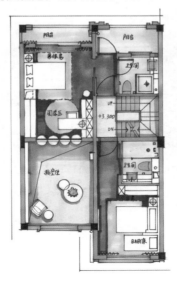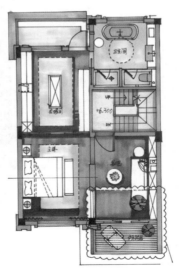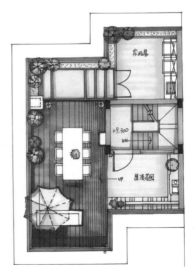

图 4-1-13 中梁旭辉壹号院别墅设计项目平面布置图着色稿 -2

练一练

　　完成一幅马克笔技法表现的平面布置图绘制，掌握马克笔技法的绘制过程。此任务案例为绿城－凤起朝鸣项目，位于成都，项目设计以苏风杭韵的中式"桃源"为蓝本，将现代极简美学和成都城市本身朴实飘逸的建筑基调有机融合到空间当中。通过本任务，完成绿城－凤起朝鸣项目案例中训练平面布置图绘制，强调运用马克笔技法进行绘制，项目实景及步骤如图4-1-14～图4-1-16所示。

图 4-1-14 绿城－凤起朝鸣项目实景图

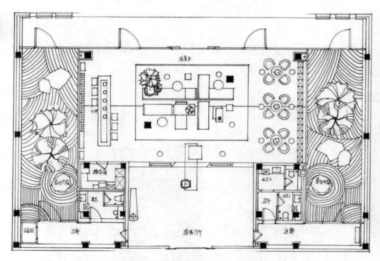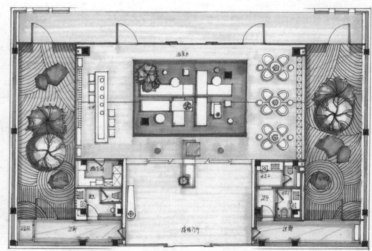

图 4-1-15 绿城－凤起朝鸣项目平面布置图线稿　　　　　图 4-1-16 绿城－凤起朝鸣项目平面布置图着色稿

任务2
立面图绘制

任务描述

此项目引入案例为国鸿温州一号销售中心设计项目，此次任务需要依据国鸿温州一号销售中心设计项目实景图（图4-2-1），绘制出实景图中的立面图等内容。

通过实际动手操作完成本任务，学生完成该项目案例中的相关学习并掌握材料和绘图工具的使用方法，培养学生熟练掌握绘图材料及工具的能力，学会画出立面手绘表现图，实景图如图 4-2-1 所示。

图 4-2-1 国鸿温州一号销售中心设计项目实景图

▼ 任务解析

此项目位于瓯江南溪交会，跨越瓯越大桥，与温州古城隔江而立，项目设计在现代的基调上展现创新，在视觉上呈现出新而恒久的效果，项目实景图如图 4-2-2 所示。

图 4-2-2 国鸿温州一号销售中心设计项目实景图

销售中心内部空间以米色、白色作为主色调，再以金属、深绿色石材增加视觉空间的层次感。主要材料运用米黄色石材、金色不锈钢、绿色石材、墨玉白根大理石、浅色木饰面。在洽谈区中，桌椅自由地摆放，一侧是环绕而上的阶梯，一侧是大面落地玻璃，将室外开阔的隔岸城市景观引进。洽谈区及其他空间都搭配以圆形灯具，呼应空间中的几何大圆弧，同时也衬托利落的直线立方体。圆弧形、拱形与利落的直线等几何形元素在空间内彼此衬托的例子比比皆是。大气而震撼，将拔地而起的新生力量以现代艺术的形式融入大空间中。

此项目要通过完成该案例中立面图的绘制，学会运用马克笔技法绘制立面图。学会用马克笔技法绘制立面空间的方法与步骤，完成手绘方案表现图。

▼ 知识链接

一、马克笔的特征

1. 马克笔的优点

马克笔色彩剔透、着色简便、笔触清晰、风格豪放、成图迅速、表现力强，且颜色在干、湿状态时不会发生变化，能够使设计师较容易地把握预期的效果。

2. 马克笔的缺点

因其工具的局限性，画幅尺度受到了不同程度的限制，且还存在不宜展出时间过长的缺点（长时间展出将会褪色、变淡，特别不宜在烈日下暴晒）。因此马克笔画虽富有艺术情趣，却未能形成一门独立的画种。马克笔有着便捷、随意性强的特点，往往用于设计方案的沟通与推敲阶段，由于马克笔有着不可更改的局限性，所以学者应掌握正确的使用方法并进行大量的练习，方能得心应手。

二、马克笔技法上色技巧

1. 硬：不仅是马克笔的笔尖硬，它的笔触也是硬且肯定的。试观察笔尖，油性马克笔为硬毡头笔尖，并且笔尖为宽扁的斜面。利用这些特点我们可以画出很多不同的效果。比如，用斜面上色，可画出较宽的面；用笔尖转动上色，可获得丰富点的效果；用笔根部上色，可得到较细的线条。

2. 洇：油性马克笔的溶剂为酒精性溶液，极易附着在纸面上。若笔在纸面上停留时间稍长便会洇开一片，并且按笔的力度，会加重阴湿的效果和色彩的明度。而加快运笔速度，会得到色彩由深到浅的渐变效果。利用这一特性，我们可以表现物体光影的变化。

3. 色彩可预知性：无论如何使用，马克笔的色泽总不会变，所以当我们通过实验获得较满意的色彩效果时，就可以记下马克笔的型号，以备下次遇到类似问题时使用。

4. 可重复叠色：马克笔虽不能像水彩那样调色，但可在纸面反复叠色，我们可以通过有限的色彩型号反复叠加，来获得较理想的视觉效果。杭州凤玺云著项目实景图及马克笔绘制立面图如图 4-2-3、图 4-2-4 所示。

微课视频

立面图绘制

图 4-2-3 杭州凤玺云著项目实景图

图 4-2-4 马克笔绘制立面图

三、室内立面布置图技法应用

主要训练使用马克笔表现室内立面图的技法，熟知室内立面图采用马克笔技法的绘制过程，根据马克笔技法的特点，突出室内立面图的表现力，灵活使用马克笔技法表现室内立面图。

室内立面图技法应用，前提是准备绘画工具。白色绘图纸、铅笔、钢笔、针管笔、马克笔等。初学者可先用铅笔起稿，再用钢笔或针管笔勾线，根据室内空间设计规划，画出立面图，运用马克笔的不同笔触、笔法来塑造室内立面图效果。

步骤 1：钢笔线描技法勾勒立面空间框架，步骤如图 4-2-5 所示。

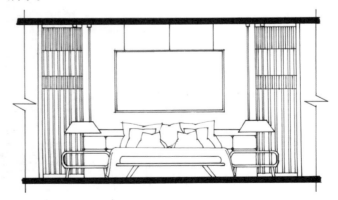

图 4-2-5 钢笔线描技法绘制立面图线稿

步骤2：马克笔技法对立面空间上色，颜色由浅入深，步骤如图4-2-6所示。

步骤3：逐步深入刻画，马克笔继续对立面空间上色，调整立面图整体色调，步骤如图4-2-7所示。

图 4-2-6 马克笔技法绘制立面图着色稿 -1

图 4-2-7 马克笔技法绘制立面图着色稿 -2

四、室内设计草图绘制流程

草图是一种表达方式，是设计师一种独特的快速绘画方式。室内设计草图应用较为广泛，在与客户洽谈时可以让客户直观地看到空间和平面布局。在方案阶段，可以通过草图来构思平面布置图、立面造型及元素的应用等，将高度、深度的形式和比例通过草图的形式形象化地表现出来，能激发和引导客户的想象，使其能在脑海里呈现出与方案设计相符的情景。而此项目任务要完成的室内平面布置图就是室内设计草图绘制流程中的首要环节。

步骤1：钢笔线描技法勾勒室内平面布置图。采用马克笔和彩色铅笔对平面布置图进行着色，步骤如图4-2-8、图4-2-9所示。

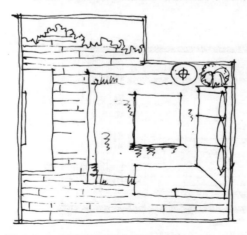

图 4-2-8 某项目平面布置图线稿

图 4-2-9 某项目平面布置图着色稿

步骤2：依据平面布置图绘制出具有透视效果的手绘草图。画出效果图底色，确定空间色调，步骤如图 4-2-10、图 4-2-11 所示。

图 4-2-10 某效果图线稿

图 4- 2-11 某效果图着色稿 -1

步骤3：采用固有色对家具、植物、玻璃等材质进行着色；用马克笔逐层上色，丰富空间色彩关系；调整色彩关系，直至根据室内平面布置图完成效果图，步骤如图 4-2-12、图 4-2-13 所示。

图 4-2-12 某效果图着色稿 -2

图 4- 2-13 某效果图着色稿 -3

五、立面图案例步骤赏析

马克笔技法绘制杭州凤玺云著项目某立面图步骤如图 4-2-14~图 4-2-16 所示。

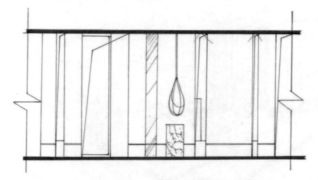

图 4-2-14 马克笔技法绘制杭州凤玺云著项目某立面图线稿

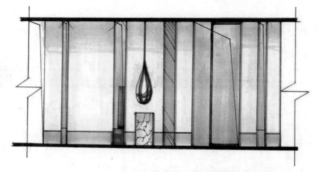

图 4-2-15 马克笔技法绘制杭州凤玺云著项目某立面图着色稿 -1

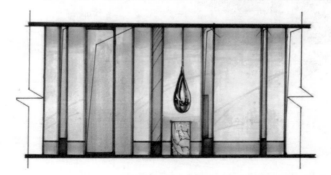

图 4-2-16 马克笔技法绘制杭州凤玺云著项目某立面图着色稿 -2

任务实施

通过引入的国鸿温州一号销售中心设计项目，运用马克笔技法完成立面图绘制，进行立面图马克笔技法的训练。绘制作品参考实景图如图 4-2-1 所示。

任务实施步骤

运用马克笔技法完成立面图——国鸿温州一号销售中心设计项目。新生与永恒是该项目思考的主题，以几何的创新组合形式展现新生，以空间色彩的配合呼应永恒。空间中，洽谈区矩形金属墙体与圆形空间彼此衬托，展现出现代简约的整体感觉。

项目案例 1：国鸿温州一号销售中心设计项目案例 国鸿温州一号销售中心设计项目实景图如图 4-2-1 所示。

步骤 1：钢笔线描技法勾勒出洽谈区立面空间框架，注意绘制过程中工具的使用规范。按照合理的构图比例，方法正确，绘制流程规范，绘制作品步骤如图 4-2-17 所示。

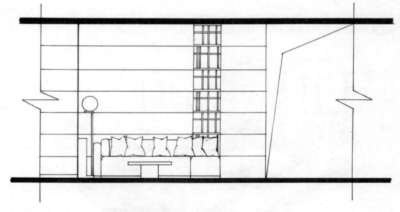

图 4-2-17 钢笔线描技法绘制立面图线稿

步骤 2：逐渐深入刻画，绘制出大理石墙面材质，金色不锈钢、绿色石材、浅色木饰面固有色，绘制作品步骤如图 4-2-18 所示。

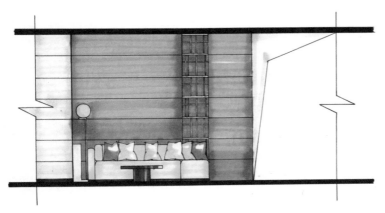

图 4-2-18 马克笔技法绘制立面图着色稿 -1

步骤 3：完善立面图，深入刻画墙面材质，画出光影效果，调整整体色调。注意绘制过程中工具的使用规范、按照合理的构图比例，方法正确，绘制流程规范，绘制作品步骤如图 4-2-19 所示。

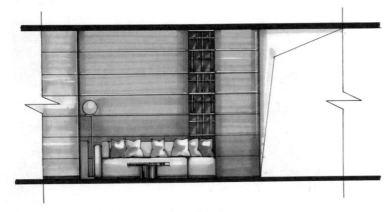

图 4-2-19 马克笔技法绘制立面图着色稿 -2

练一练

完成一幅马克笔技法表现的立面图绘制，掌握马克笔技法的绘制过程。苏州阳光城檀悦售楼处负一层实景图及手绘表现立面图如图 4-2-20~ 图 4-2-22 所示。

图 4-2-20 苏州阳光城檀悦售楼处负一层实景图

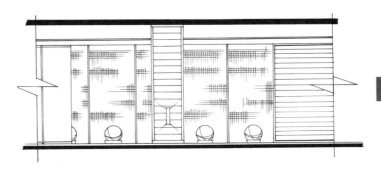

图 4-2-21 钢笔线描技法绘制立面图线稿

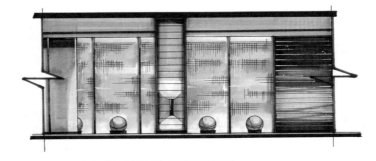

图 4-2-22 马克笔技法绘制立面图着色稿

任务3

设计方案材质表现

▼ 任务描述

本任务所选的案例为企业设计案例——龙光－锦绣公园壹号洽谈区空间实景图（图4-3-1），本案例位于深圳，设计团队以"生命之树"为主题逻辑，展现顽强向上的生命力。空间结合区域过去、现在与未来的联系，注重营造尊崇自然、全息沉浸的体验感，以人与自然共生的设计表达贯穿于高端商业空间的架构，重新诠释繁华城市中的自然之境，致力于打造出一座可闭合的生态场所，赋予其灵活、高效、更具人文关怀的功能属性。

此次任务需要依据龙光－锦绣公园壹号洽谈区空间实景图，绘制出实景图中的洽谈区空间效果图，重点刻画洽谈区的材质表现，运用马克笔技法绘制出方案的材质效果，实景如图4-3-1所示。

在项目中庭空间里，天花板及中间水景对应透光顶，在环形天光与树木的萦绕中形成大自然的庄严，得以获取心灵的宁静。洽谈空间的自由动线，彰显空间特有的贵重与典雅。临窗而坐，极目远眺，向世界张开怀抱，将眼前的自然、温暖的阳光统统揽入怀中。环形的长沙发，结合绿色单人椅，围合成一方洽谈的小天地。金属茶几上的花艺，在自然之中复添一层奢雅之意。

图 4-3-1 龙光 - 锦绣公园壹号洽谈区空间实景图

任务解析

此任务要通过完成该项目案例中训练方案材质表现绘制，通过分析龙光－锦绣公园壹号实景图材质，熟知马克笔技法绘制方案材质表现方法与步骤，学会马克笔的多种笔法、笔触表达，完成方案材质效果图。

知识链接

一、马克笔的干湿特性

注意对马克笔干湿特性的控制。由于马克笔具有易干的特性，所以在绘画时需要注意马克笔干湿变化的情况。

1. 干画法

在第一遍颜色完全干透后，再上第二遍颜色。这种画法给人干净利索、硬朗明确、层次分明的感觉。多用于表现轮廓清晰、结构硬朗的物体。

2. 湿画法

在第一遍颜色未干透时，迅速上第二遍颜色。这种画法给人圆润饱满、含蓄清澈的感觉。多用于轮廓含混、圆滑的物体或者物体的过渡面。

3. 干湿结合法

前面两种方法并用，这种画法给人生动活泼、丰富多彩的感觉。使用范围也更加灵活。

二、材质表现要点

1. 表现石材质感。石材在室内应用比较广泛，其质地坚硬，光洁透亮，在表现时先按照石材的固有色彩薄涂一层底色，留出高光和反光，然后用勾线笔适当画出石材的纹理。

2. 表现金属质感。明暗对比强烈，在表现光泽度较强的表面时，要注意高光、反光和倒影的处理，笔触应平行整齐，可借助直尺来表现。

3. 表现透明材料质感。玻璃（有色、无色）要掌握好反光部分与透过光线的多角性关系的处理。透明材料基本上是借助环境的底色，施加光线照射的色彩来表现。

4. 表现木材质感。主要是木纹的表现，要根据木材的品种。首先平涂一层木材底色，然后再徒手画出木纹线条，木纹线条先浅后深，使木材质感自然流畅。

三、马克笔绘制材质表现

材质表现需要用钢笔勾勒轮廓，然后用马克笔进行着色，如图 4-3-2～图 4-3-9 所示。

微课视频
马克笔绘制木纹材质表现

微课视频
马克笔绘制大理石材质表现

4-3-2 钢笔线描材质线稿-1

图 4-3-3 材质着色稿 -1

图 4-3-4 材质着色稿 -2

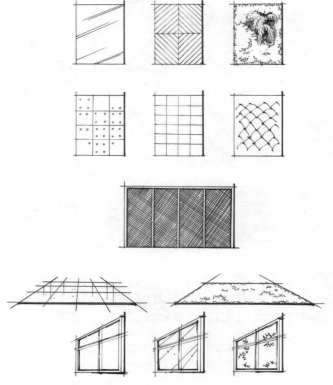

图 4-3-5 钢笔线描材质线稿 -2

图 4-3-6 材质着色稿 -3

图 4-3-9 软装饰材质表现

图 4-3-7 材质着色稿 -4

图 4-3-8 软装饰材质表现线稿

四、室内设计方案材质表现

通过马克笔技法的应用，了解室内设计方案不同材质的绘制，掌握马克笔技法的特点，灵活使用马克笔技法表现室内设计空间。

作为室内空间的效果图表现，在定线稿的时候首先要注意构图，分配好家具组合的比例关系，然后需要准确表达空间的透视，由于手绘方案表现图具有一定的时效性、直观性，画线稿的时候，视点要尽量保持在画面的视觉中央位置。这种角度是画室内效果图常用的角度，也比较适合重点表现。

在线稿的基础上，为了追求画面的明暗层次关系，在单色表现的基础上，开始整体铺色。首先确定色调，然后画出家具材质的固有色部分，再逐层深入刻画。在材质本身的色调上，采用不同材料质感的主色表现。用灰色及少量黑色渲染暗部阴影。在效果处理时，一定要快速、果断、迅速地运笔，让线条流畅。用蓝色表现玻璃部分，突出表面的质感，如图 4-3-10～图 4-3-18 所示。

图 4-3-10 单体家具材质表现

图 4-3-11 组合家具材质表现 -1

图 4-3-13 组合家具材质表现 -3

图 4-3-12 组合家具材质表现 -2

图 4-3-14 组合家具材质表现 -4

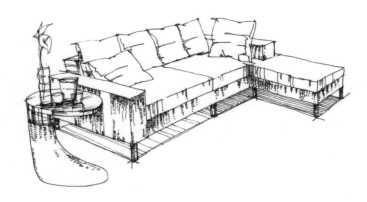

图 4-3-15 组合家具材质线稿表现 -1

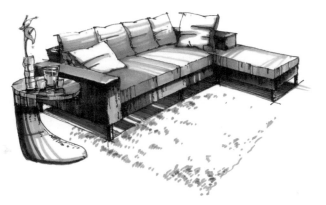

图 4-3-16 组合家具材质着色表现 -1

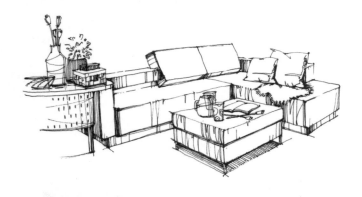

图 4-3-17 组合家具材质线稿表现 -2

图 4-3-18 组合家具材质着色表现 -2

▼任务实施

通过引入的龙光－锦绣公园壹号设计项目案例，运用马克笔技法完成洽谈区空间手绘方案表现图，进行马克笔技法材质表现的训练，完成洽谈区材质表现的绘制。绘制作品参考实景图如图 4-3-1 所示。龙光－锦绣公园壹号设计项目绘制作品步骤如图 4-3-19 所示。

任务实施步骤

运用马克笔技法完成洽谈区材质绘制，强调洽谈区空间各物体之间的材质对比。画面的明暗关系、物体在空间中的前后关系要明确。

步骤 1：准备好绘图工具。白色绘图纸、铅笔、钢笔、针管笔、马克笔等。初学者可先用铅笔起稿、再用钢笔线描勾勒洽谈区空间框架、运用马克笔由浅入深地刻画。钢笔线描起稿，掌握好空间尺度，构图合理，比例适中。透视关系准确。用线条塑造基本的明暗关系，绘制作品步骤如图 4-3-19 所示。

步骤 3：找出空间中物体的固有色，选择颜色较浅的马克笔逐层深入地上色。（马克笔上色后色彩艳丽不易修改，通常由浅入深地刻画）绘制作品步骤如图 4-3-21 所示。

图 4-3-19 洽谈区材质线稿表现

图 4-3-21 洽谈区材质着色稿表现 -2

步骤 2：用较浅的灰色马克笔先上一遍颜色。绘制出空间的明暗关系。（通常可以用单色马克笔在整个画面中绘制明暗关系）绘制作品步骤如图 4-3-20 所示。

步骤 4：颜色逐层加深，明确物体的固有色。丰富画面效果，绘制作品步骤如图 4-3-22 所示。

图 4-3-22 洽谈区材质着色稿表现 -3

步骤 5：完成最后上色部分，整体－局部－整体调整，绘制作品步骤如图 4-3-23 所示。

图 4-3-20 洽谈区材质着色稿表现 -1

图 4-3-23 洽谈区材质着色稿表现 -4

练一练

运用马克笔技法，临摹家具及室内材质表现图。临摹家具及室内空间材质马克笔技法表现如图 4-3-24、图 4-3-25 图所示。

图 4-3-24 家具材质马克笔技法表现

图 4-3-25 室内空间材质马克笔技法表现

![项目总结]

　　本项目引入企业设计推出的真实设计案例——中梁旭辉壹号院别墅设计项目、国鸿温州一号销售中心设计项目、杭州凤玺云著设计项目、苏州阳光城檀悦售楼处设计项目、龙光－锦绣公园壹号设计项目的相关设计案例，从学习案例中手绘方案马克笔技法入手，学会设计项目中的平面布置图绘制、立面图绘制、室内方案材质表现图绘制。能够熟练运用绘图工具，扬长避短，完成项目手绘表现图，取得最佳的画面效果。

思政园地

　　弘扬民族文化，倡导创新和兼容并蓄。绘制效果图过程中汲取优秀案例的设计内涵和文化底蕴，发扬文化自信，发挥独立自主的创造性思维；同时要遵守国家相关行业规范、遵循职业道德、遵守建筑制图标准。树立自主探究学习、提高发现问题、解决问题及提高信息素养能力。具备精益求精的工匠精神。

项目 5

建筑及室外空间方案设计

项目导入

　　本项目来源于企业设计推出的真实设计案例，该项目根据融信中能·海月清风合院别墅的负一层会客厅实景图和金华山嘴头未来社区建筑外观实景图以及中铁建花语堂合院实景图，完成项目中别墅内部空间马克笔技法表现、利用建筑的透视方法、规律以及景观绿化的表达方法绘制出手绘建筑外观表现和景观绿化表现。

学习目标

知识目标	1.能够根据项目提供实景图，熟练运用手绘材料及绘图工具
	2.准确绘制不同类型的室内空间综合技法表现
	3.能够根据建筑透视原理准确绘制手绘效果图中不同的透视表现
能力目标	1.能够运用针管笔绘制出景观的配景
	2.能够绘制绿化表现、景观小品、石头、水景、人物及交通工具等内容
	3.能够根据设计项目，结合实际情况，明确表现方法，对建筑和景观表现协调处理
素养目标	1.具有团队意识、能够与小组成员合作共同完成任务
	2.规范使用绘图工具、文明维护绘图设施、绘图认真细致
	3.具有精益求精的工匠精神，能够严格遵守国家职业技能标准

项目实施

任务1

别墅建筑内部空间设计表现

任务描述

本任务所选的案例为融信中能·海月清风合院别墅实景图（图 5-1-1），"和"是中国传统哲学的重要范畴。荀子曾说"万物各得其和以生"，"和"是自然的最佳境界和终极状态，项目案例位于温州乐清市晨曦路与云门路交会处。此次别墅建筑内部空间设计中，亦提炼"和"作为主要设计思路，将"以和为贵"进行抽象化表达。宋代翻涌的美学思潮富有色彩感，具有鲜明的流变性，氤氲着浓郁的文化和书卷气息，以此成为中国美学的标准范式，海月清风合院在本案的设计中将宋代的风骨韵味与西方的极简形态融于一体，写意江南大宅。此次任务需要依据融信中能·海月清风合院别墅实景图，结合传统文化的应用及对西方现代思潮融入的表现手法，进行负一层会客厅、书房、餐厅、两间卧室的马克笔综合技法手绘表现，完成该项目的手绘方案表现图，实景如图 5-1-1 所示。

图 5-1-1 海月清风合院别墅负一层会客厅实景图

任务解析

此任务要通过完成该项目案例中别墅书房线稿及彩铅的表现，结合微课视频学习彩铅在室内空间表现的具体应用，分析海月清风合院别墅内餐厅、书房及卧室实景图的设计，学会马克笔的具体表现方法。通过分析海月清风合院别墅负一层会客厅实景图的设计过程，学习如何利用铅笔起稿确定构图；如何运用钢笔线描稿塑造室内形体、明确画面的明暗关系；彩色铅笔在室内及室外光源下对会客厅综合表现上的具体应用；马克笔在确定主色调以及深入阶段的具体绘制步骤及表现，完成海月清风合院别墅负一层会客厅手绘方案表现图。

知识链接

本案例海月清风合院别墅的内部空间包含了书房、餐厅、卧室以及负一层会客厅等。不同的空间类型赋予了空间不同的使用功能。使用功能的不同更赋予空间的气质区别，空间划分以及家具组合方式的不同。所以，不同室内空间的手绘表现技法在家具的材质表现上、在色调的把控上、在光感与环境的处理上、在手绘材料的选取及技法上要有所区别。

一、书房线稿及彩色铅笔技法表现

本案例的书房整体空间明朗开阔，布局上传承着东方的中正、陈列式齐整布局，但关系均为开放式，既传承千年礼序，又加以自由灵动的姿态，描述了现代大宅的生活典

微课视频

彩铅技法绘制书房表现

范。书房的整体气质儒雅沉稳，配合以当代的、西式的器物加入东方韵味的表达，简化繁复，一幅幅画、一个个空间的主题，便建立起了整个建筑内部空间古今中西的联系。手绘书房线稿和彩色铅笔及马克笔表现如图 5-1-2、图 5-1-3 所示。

图 5-1-2 手绘书房线稿

图 5-1-3 手绘书房彩色铅笔及马克笔表现

二、餐厅线稿及马克笔表现

"和"是中国传统哲学的重要范畴。此套别墅建筑内部空间方案设计当中，亦提炼"和"作为主要设计思路，将"以和为贵"进行抽象化表达。设计中弱化传统合院的古典、形制以及装饰上的中式，以"意象中式"的手法，写意江南的温柔。同时，在空间中大面留白，创造"返璞归真"的极简自然之韵。无论是东西方艺术的碰撞，还是中正礼序与自由开放的对比，无一不需要把握其中的平衡点，少一分则不及，多一分则繁复。于这套案例的设计师而言，这种平衡点便是"去符号化"，舍形取意，超越传统的繁复细节，仅仅提取具有东方意向的轮廓以西方手法简单化融入空间当中，造其中的"意"。此案例中的餐厅，便是这种造"意"的最大亮点。餐厅实景参考图、钢笔线稿及马克笔表现如图 5-1-4~ 图 5-1-6 所示。

图 5-1-5 餐厅钢笔线稿

图 5-1-6 餐厅马克笔表现

图 5-1-4 餐厅实景图

三、卧室（一）线稿及马克笔表现

此方案中的主卧床体由设计师一体化定制研发，灵感来源于对在地性的简洁表达，利落的黑、精干的线条包边，以皮革包木做床的基架，而定制床品也极为素雅，与空间的宋代风骨建构如出一辙。空间的细节随处可见"小而美"的艺术装置，如人体石膏胸像，上面融入了东方建筑的形态，西方的雕塑感，使用当下的材料、东方的白描式处理，呈现出点到即止，恰到好处的艺术形态。卧室实景参考图、线稿及马克笔表现如图 5-1-7~ 图 5-1-9 所示。

图 5-1-7 卧室（一）实景图

图 5-1-8 卧室（一）钢笔线稿

图 5-1-9 卧室（一）马克笔完成图

四、卧室（二）马克笔表现

卧室（二）为长辈房，卧室视觉上以主题思维升华，长辈房——嬉鸟，寓长寿；主卧——戏鱼，表年年有鱼；儿童房——月兔、梦马，寄童趣天真。

微课视频　微课视频

别墅卧室表现

除了自由动线的塑造，视觉上着重做通透处理，艺术化通透的空间隔断，给空间更多的层次。

长辈房主题为"年年有余"，以墙面亚麻色的"鲤鱼"皮革雕花，呼应空间调性，同时呈现一种留白且质感十足、素雅的空间状态。卧室实景图及马克笔表现如图 5-1-10、图 5-1-11 所示。

图 5-1-10 卧室（二）实景图

图 5-1-11 卧室（二）马克笔表现

任务实施

此项目方案的手绘表现具有一定的难度，因为极简风格采用了大面积白色色调以及极少的装饰手法，所以对空间色调的把控以及白颜色材质的处理相对会有难度，所以，在手绘表现整个空间上，一定要做到条理清晰、颜色清透且明暗对比强烈。绘制作品参考实景图如图 5-1-1 所示。

任务实施步骤

步骤 1：准备好绘图工具。确定好画面的构图以及透视，绘制铅笔草稿。构图要做到大小合理，透视要发挥严谨的态度、科学准确，进深要饱满。绘制负一层会客厅铅笔稿如图 5-1-12 所示。

步骤 2：勾勒钢笔墨线。钢笔线描表现室内空间的形体，无论是借助尺规还是徒手画线，前提是透视准确，结构合理，线条表达流畅，形体的起承转合要注重节奏感的把控，其次是注意形体明暗、虚实、材质的表达。负一层会客厅钢笔线描稿如图 5-1-13 所示。

图 5-1-12 负一层会客厅铅笔稿 图 5-1-13 负一层会客厅钢笔线描稿

步骤 3：运用彩色铅笔绘制出别墅负一层会客厅的室内光以及室外光源表现。彩色铅笔的表现力度要均匀，下笔的节奏要平稳，彩色铅笔的笔尖要在削尖的状态下表现光源，表现要细密精致，切忌囫囵吞枣的粗糙表现。负一层会客厅彩色铅笔稿如图 5-1-14 所示。

步骤 4：运用马克笔大面积设色，强调出空间以及室内家具的明暗对比，进一步塑造空间感，并画出物体的暗部。马克笔在运用上要发挥其笔触的特点，下笔要利落、果断，敢于实践，尤其是墙面的大面积笔触，一定不要拖沓。在表现不同材质上，要体现马克笔笔触在表现上的区别与变化。准确地把握材料表现的光泽；确定材料的主色调（基调）。地面的反光位置要根据地板上面的物体来确定。负一层会客厅马克笔步骤如图 5-1-15 所示。

步骤 5：调整画面，增加细节刻画，精益求精地细致刻画，注意材料肌理变化；把握材料的光源色及环境色变化。画面表现既要有取舍，又要做到主体鲜明，重点表现区域突出并有亮点。整体色调表现要和谐、统一。光影丰富且虚实得当。负一层会客厅马克笔步骤如图 5-1-16 所示。

步骤 6：进一步刻画细节，加重颜色，增加画面的视觉冲击力。并加入彩色铅笔绘制，丰富画面的色彩。彩色铅笔也可以起到柔和和过渡的作用。最后为画面提白，提白的位置一般在受光最多、最亮的地方及光滑材质上等，提白以后会丰富画面的层次感及材质感。有些明暗交界线或者画得比较闷的地方，也可以适当的提白。负一层会客厅马克笔步骤如图 5-1-17 所示。

图 5-1-14 负一层会客厅彩色铅笔稿

图 5-1-15 负一层会客厅马克笔步骤 -1

图 5-1-16 负一层会客厅马克笔步骤 -2

图 5-1-17 负一层会客厅马克笔步骤 -3

练一练

运用彩色铅笔、马克笔、高光笔等工具，临摹一幅上色的手绘方案表现图。餐厅手绘方案表现如图 5-1-18、图 5-1-19 所示。

图 5-1-18 餐厅手绘方案表现线稿

图 5-1-19 餐厅手绘方案马克笔表现

任务 2
建筑外观表现

任务描述

　　本任务所选的案例为金华山嘴头未来社区实景图（图 5-2-1），在滚滚洪流的历史变迁中，"敢闯敢试，大胆创新"是对金华这座城市最好的形容，不管是回眸半个世纪前的金华湖海塘水电站，还是今天走在时代前沿的金华山嘴头未来社区，它们都是这座城市最好的代表作。此次任务需要依据金华山嘴头未来社区实景图，结合相应的建筑表现透视原理，学习建筑外观手绘表现的具体方法，画出建筑外观手绘表现图，实景如图 5-2-1 所示。

图 5-2-1 金华山嘴头未来社区实景图

任务解析

　　此案例位于浙江省金华市婺城区，金华湖海塘水电站是他的前身。他是对原址场地精神的继承，也是跨越时间厚度的又一次新尝试，同样新奇的生活体验，将再一次在这里得以再现。宏观层次上，本案地处湖海塘 – 婺江水脉的延长线上，以桥连接着玉泉溪水文化主题公园，周边保留着 80% 以上的原生大树和自然景观，真正能够做到与自然场景隔而不离，山水造城。微观层面，阳光城金华山嘴头未来社区的前身是水电站，商业广场、水电博物馆等商业文化场所围绕在其旁。通过分析本案例建筑空间的表现方法，总结并提炼建筑外观马克笔表现的思路以及具体表达步骤。学会建筑外观马克笔表现图的绘制，完成手绘方案表现图。

知识链接

　　在进行建筑外观手绘表现的立意之初，首先要对建筑的主体进行角度的选取，哪个角度更适宜突显建筑的气质，更能与周围环境相得益彰，不同的角度产生不同的透视关系。建筑外观手绘表现涉及到的透视有：建筑正立面、建筑一点透视、建筑两点透视以及建筑的三点透视。通过学习不同建筑透视原理的方法及区别，结合金华山嘴头未来社区的建筑气质，本案例采用了一点透视的建筑透视原理，以此透视为表现基础，进行了建筑外观马克笔的综合技法表现。

一、建筑正立面表现

建筑正立面表现，需要特别注意建筑本身的高度与长度的比例关系、建筑与景观配景的比例关系。在表现正立面建筑时可以加上光影，以此增加画面的层次感以及建筑的体量感。建筑正立面钢笔线稿如图 5-2-2~ 图 5-2-4 所示。

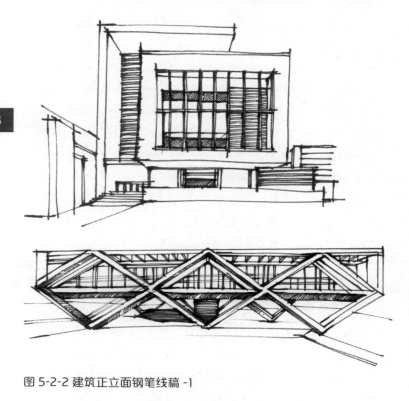

图 5-2-2 建筑正立面钢笔线稿 -1

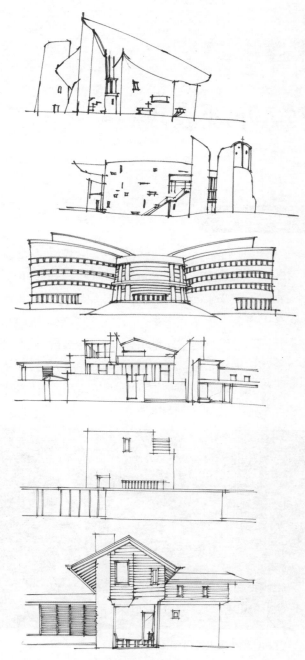

图 5-2-3 建筑正立面钢笔线稿 -2

图 5-2-4 建筑正立面钢笔线稿 -3

二、建筑一点透视表现

  一点透视也称为平行透视。一般是指立方体的上下水平边线与视平线平行时的透视现象。这种透视中的立方体边线的消失点只有一个，并且相交于视平线上的一点，这种透视现象叫一点透视。一点透视是建筑手绘表现效果图中经常会被运用到的透视。一点透视的特点相对比较容易掌握，即所出现的线条为水平线、垂直线、和斜线三个线形，这里的水平线和垂直线一定是绝对水平和绝对垂直的，带透视的斜线一定是相交于一个灭点，也就是消失点。一点透视如图 5-2-5 所示。

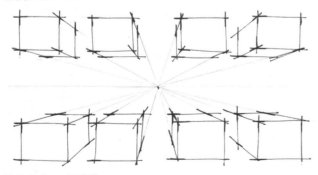

图 5-2-5 一点透视

  一点透视的视觉效果简单直接、正式、稳重、有一定的纵深感。

  几何形体是人们对自然界各种复杂形体提炼的抽象产物，几何形体造型练习的目的是培养对所表现的各种复杂物体进行提炼和概括的能力，几何形结合透视的练习，不但可以锻炼对形体的分析和思考，还能通过具体的透视约束，提高对形体线条的表达尺度和准确性，是一个有效学习透视学规律的切入点。几何形体一点透视、简单建筑一点透视如图 5-2-6~ 图 5-2-8 所示。

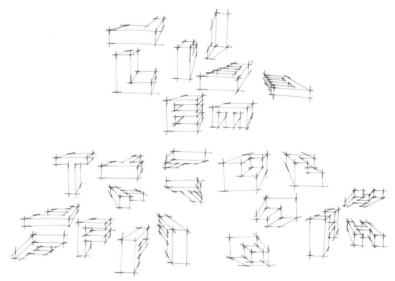

图 5-2-6 几何形体一点透视

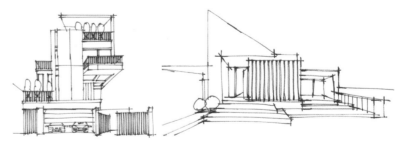

图 5-2-7 简单建筑一点透视 -1

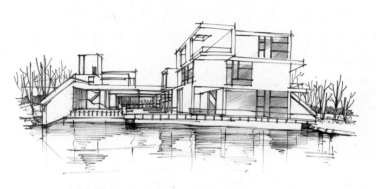

图 5-2-8 简单建筑一点透视 -2

三、建筑两点透视表现

两点透视也叫成角透视。以立方体为例，通过立方体旋转一定角度或者视点转动一定角度，来观察立方体时，它的上下边线会出现透视变化，其边线的延长线会相交于视平线上立方体左右两侧的两点，因而产生了两个消失点，所以叫两点透视。因为两点透视非常符合我们看物体的正常视角，所以两点透视也是建筑手绘表现中最常应用的透视方法。在画两点透视的时候，一定要注意透视线条与消失点的连接，并且要保证两点透视的两个消失点均在一条水平线上，这样才可能画出符合两点透视透视规律的物体。两点透视、几何形体两点透视及简单建筑两点透视如图 5-2-9～图 5-2-11 所示。

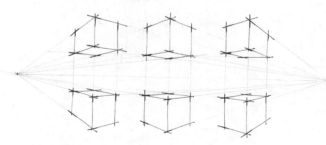

图 5-2-9 两点透视

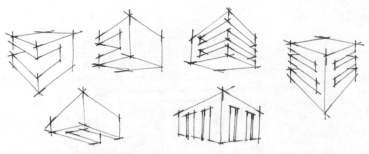

图 5-2-10 几何形体两点透视

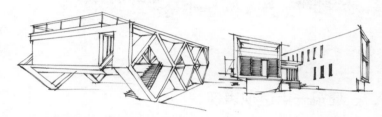

图 5-2-11 简单建筑两点透视

以两点透视表现的效果图不仅画面生动，而且透视表现直观、自然，立体感强，更接近人的实际感觉，所以两点透视也是建筑手绘效果图常用的透视方法。但需要注意的是，运用两点透视绘制的设计效果图的角度选择必须十分讲究，否则容易使物体产生变形，影响最终的视觉效果。建筑两点透视表现图、一点透视及两点透视、两点透视建筑外观马克笔表现效果图如图 5-2-12～图 5-2-14 所示。

图 5-2-12 建筑两点透视表现图

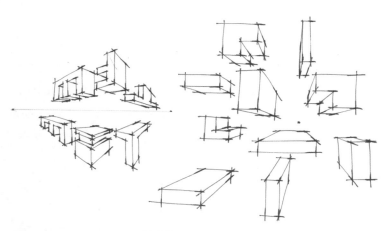

图 5-2-13 一点透视及两点透视

图 5-2-14 两点透视建筑外观马克笔表现效果图

四、建筑三点透视表现

三点透视也称斜角透视。我们仍以立方体为例，立方体的三组平面与画面都形成角度，三组线都分别消失于三个消失点，这就是三点透视。一般常见于对物体的俯视和仰视，所以这种透

微课视频　　微课视频

建筑外观表现

视被广泛应用于建筑设计表现，适用于表现形体比较高大的建筑物。

总之，在学习不同建筑透视表现的方法时，一定要本着科学、严谨、一丝不苟的态度贯穿整个绘制流程，绝不可以马虎了事，这样才能准确地表达建筑的透视关系，为后期使用不同工具完成整个效果图表现打下坚实的线稿基础。三点透视、建筑三点透视表现图如图 5-2-15、图 5-2-16 所示。

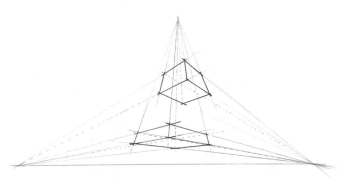

图 5-2-15 三点透视

图 5-2-16 建筑三点透视表现图

任务实施

通过引入的金华山嘴头未来社区项目案例，进行马克笔技法绘制建筑外观表现，主要通过 6 个步骤完成建筑外观表现的绘制。本案例选取的建筑外观表现视角独特，充满现代感的长廊和具有年代感的红砖建筑表皮形成了鲜明的对比，在表现的时候，要勇于创新，利用不同表现手法区分两种肌理不同的表现。对于地面的绿化以及大的乔木绿化要做到归纳并提炼，这样才更能突出整个建筑外观的气质，对于树的光影也要把握好节奏、一丝不苟地从点到面，并努力做到表现得具有整体感。

任务实施步骤

步骤 1：绘制铅笔草图，确定好建筑的透视关系及比例，画出绿化配景的位置关系。细化铅笔草图，加入建筑外观的肌理，深入刻画绿化的细节，铅笔稿如图 5-2-17 所示。

步骤 2：在铅笔线稿的基础上为画面加墨线，上墨线的过程需要注意建筑以及绿化的主次关系，把控画面的黑白灰层次关系。墨线要做到简洁、干练，钢笔线稿如图 5-2-18 所示。

图 5-2-17 金华山嘴头未来社区铅笔稿

图 5-2-18 金华山嘴头未来社区钢笔线稿

步骤 3：用马克笔大面积铺色，下笔要果断、迅速，以此确定天空、乔木以及地面绿化的基础色调，马克笔铺色如图 5-2-19 所示。

步骤 4：确定长廊暗部的基础色调，表达长廊的金属质感，长廊的暗部颜色要重且透气。在长廊右侧的暗部要加入具有绿灰味道的环境色，以此体现长廊的金属质感。用绿灰色表现出前面乔木树叶的光影，增加前面绿化和中间长廊的空间感。同时，将玻璃上投射的树叶光影一并带出。后面绿化的颜色要整体，选取冷绿色能增加空间的进深感，马克笔表现建筑及光影如图5-2-20所示。

步骤5：用具有稍暖色调的暖绿色表现画面前方的绿化，使其和后面的冷绿色形成色调上的对比，以此增加画面的层次感及空间感。用马克笔大面积快速扫出建筑的表皮颜色，适当的加入砖纹的表现细节，来明确建筑表皮的肌理以及气质，并为窗框统一加入光影，进一步刻画窗户玻璃映射出的环境，马克笔刻画建筑肌理如图5-2-21所示。

步骤6：深入刻画建筑的细节，完成整体所有空间的表达，最后调整整个画面，为画面提白。总结出建筑环境空间表现的重点就是前明后暗、前暖后冷、色调要做到统一，并且所有的绿化都要围绕建筑进行具体表现，马克笔完成图如图5-2-22所示。

图 5-2-19 金华山嘴头未来社区马克笔铺色

图 5-2-20 金华山嘴头未来社区马克笔表现建筑及光影

图 5-2-21 金华山嘴头未来社区马克笔刻画建筑肌理

图 5-2-22 金华山嘴头未来社区马克笔完成图

练一练

运用马克笔及彩色铅笔等综合绘图工具，临摹一幅建筑外观手绘方案表现图，参考图如图 5-2-23、图 5-2-24 所示。

图 5-2-23 建筑外观方案表现线稿

图 5-2-24 建筑外观手绘方案表现图

任务 3

景观小品及环境表现

▼ 任务描述

本任务所选的案例为中铁建花语堂合院实景图（图5-3-1），项目案例位于绍兴市镜湖中心站核心区，临解放大道、面向梅山江，拥有独一无二的交通和自然景观资源，是成熟的高端人居核心区。企业设计力求将千百年的绍兴文化在此交叠，时光在此碰撞，不再只是再现经典，而是中铁建花语堂文旅居所的创新再创造。此次任务需要依据中铁建花语堂合院实景图，学习如何用手绘的方式处理建筑与环境、建筑与景观的综合表现。绘制出实景图中的景观小品及环境表现等内容。中铁建花语堂合院实景如图5-3-1所示。

▼ 任务解析

通过本案例可以学习传统建筑的表现符号以及手绘景观综合技法的上色技巧，以此来提高手绘在景观与建筑表现上的处理方式及综合表达。通过分析中铁建花语堂合院实景图设计过程，学会景观环境手绘方案表现图的绘制，学会植物表现、石头、水体及配景素材的表现、马克笔技法表现，完成手绘方案表现图。

图 5-3-1 中铁建花语堂合院实景图

知识链接

　　建筑属于城市人工景观的一部分,建筑与景观环境交相辉映、相辅相成。人与自然和谐共生,建筑与环境有机地融合才能营造出理想的人居环境。在合理的建筑透视视角选取的基础上,配合景观小品及配景表现,才能将一幅完整的建筑空间环境表达得淋漓尽致。景观配景包含:植物、石头、水体及人物、交通工具等,想要表现好本案例中铁建花语堂合院的景观表现,就必须熟悉其中相应配景的具体手绘技法。

一、植物的单体画法

　　植物是建筑、景观、园林手绘表现图中最基本的构成元素,也是画面中最重要的配景,植物能突出建筑、表现空间比例、营造气氛、提升画面艺术效果等作用,植物还能展示出真实的空间感和场景感,有助于强化建筑、景观设计的特性。但植物的手绘表现并非易事,我们不可能百分之百写实的刻画每个叶片以及每个枝干,所以在植物手绘的表现中首先要学会提炼。

(一)乔木

　　植物的叶片对于线形来讲,可以给它归纳为乱线,但是我们也需要在看似杂乱无章的叶片中提炼植物叶片的生长规律,以及概括植物树冠的轮廓线。因为植物的叶片、树冠的外轮廓相对于树干来说属于虚线,所以在表达上一定不要太过生硬,可以用慢线或者抖线表达。这里为大家提炼了几种不同的表达植物树冠的方法,通过反复地练习,就可以找到其中表现的规律。乔木的画法如图 5-3-2 所示。

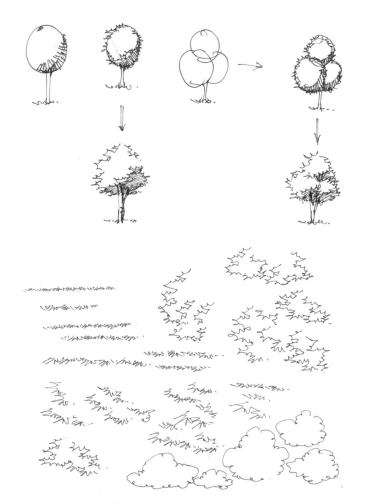

图 5-3-2 乔木的画法

(二)灌木

　　灌木的画法,首先可以把灌木的轮廓归纳为半圆形,然后根据半圆形的轮廓线组织灌木的画法,因为要表达出灌木的体量感和立体感,所以需要刻画灌木的明暗交界线,在交界线的处理上,通常会用比较密实的叶片乱线去表现,灌木的亮部一般不做过多的刻画,暗部在表现的时候可以稍加叶片的乱线并加入适量暗部阴影，灌木的阴影也要处理得当，注意灌木底部与地面的衔接关系。灌木的画法如图 5-3-3~图 5-3-5 所示。

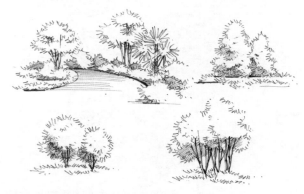

图 5-3-3 灌木的画法 -1

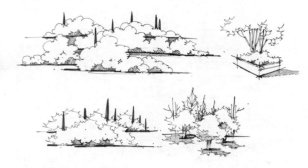

图 5-3-4 灌木的画法 -2

图 5-3-5 灌木的画法 -3

（三）树干

在树干与树枝的表现上，需要注意树干的粗度、长度要与树冠的比例相互协调，树干与树枝的线条画法不宜过直，线条要放松中带着些力度，线条太直会显得枝干僵硬，线条太抖会显得枝干过软失去植物的生长感。在表达多个相同物种的植物时，要避免画法过于雷同，这种复制、粘贴的表现会显得画面过于呆板、简单、从而失去了画面的活力。 树干的画法如图 5-3-6 所示。

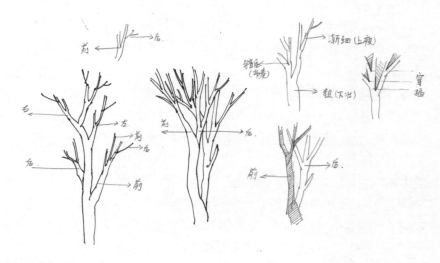

图 5-3-6 树干的画法

（四）椰子树

椰子树是常绿乔木，产于热带。树干高 15 ~ 30 米，单项树冠。椰子树的形态以及叶子都比较特别，椰子树的叶羽状全裂，叶子呈线状披针形，叶子两侧的叶针在画的时候要分别连续画，从根部的粗针画到尖部的细针，叶针的用笔力度也随着根部到尖部逐渐减弱。树干顶部最重，向下逐渐减弱。椰子树的画法如图 5-3-7 所示。

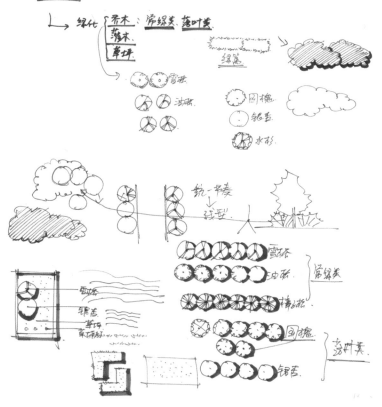

二、植物的平面画法

植物的平面手绘表现图多出现在景观设计的平面图中，在画的时候需要概括、并把握好植物的平面单体的尺寸。平面树的画法如图5-3-9所示。

图 5-3-9 平面树的画法

三、简单植物的组合画法

简单植物的组合画法要注意植物之间的前后顺序，绘制叠放次序在后面的植物通常用一定秩序的线条来表现阴影。突出画面的层次效果。植物组合如图5-3-10所示。

图 5-3-7 椰子树的画法

（五）棕榈树

棕榈树叶片近圆形，画起来比照椰子树稍微难表现一些。叶片的画法应做分组处理，叶片要左右均衡。棕榈树的画法如图5-3-8所示。

微课视频　微课视频

景观环境表现

图 5-3-8 棕榈树的画法

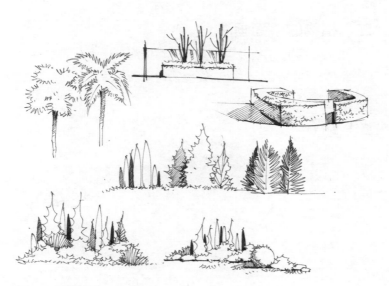

图 5-3-10 植物组合

四、石头的单体画法

石头在建筑、景观手绘表现中的位置不同于植物可以自由、任意地添加，它须根据设计内容来决定其位置，但它的大小、造型、色彩则可根据画面需要主观地进行调整和处理。石头在画面中可以使表现的空间更加生动自然，也可起到柔化场景中过硬的空间结构和分割线的作用。石头的画法需要注意石头的大小、形态不要雷同，石头数量的分配需适合，石头的聚、散组合要丰富，前后的虚实关系应处理得当。另外需要注意的是，石头的形态尽量宁方勿圆。石头的明暗交界线也要注意虚实的线条变化，不宜画得过于生硬、呆板。石头的画法如图 5-3-11、图 5-3-12 所示。

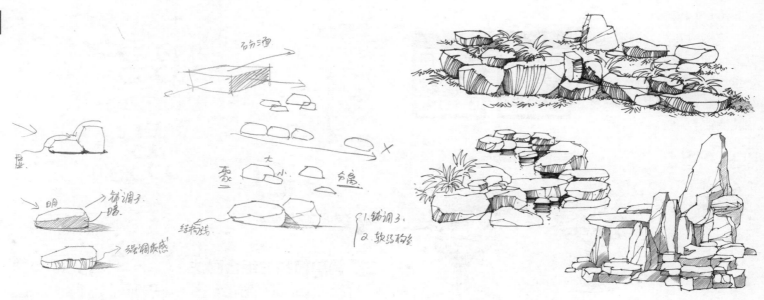

图 5-3-11 石头的画法 -1

图 5-3-12 石头的画法 -2

五、水体的单体画法

    水体的表现要注意水纹以及水面倒影的塑造，水体的轮廓线和倒影的用线不易表现得过硬，尽量做到虚实结合。如果是跌水，用线从上至下应有虚实变化，上实下虚，溅到水面的水花应四处发散，水花的表现不易过硬，线条尽量细致且柔软。水体的画法、落水景观的画法如图 5-3-13、图 5-3-14 所示。

图 5-3-13 水体的画法

图 5-3-14 落水景观的画法

六、人物及车辆的单体画法

    建筑物是不能孤立存在的，它总是存在于一定的自然环境当中。因此，它必然和自然界中的许多景物密不可分。人物是万物的比例，在建筑、景观、园林手绘效果图中，通常作为参照物，起到表达主体建筑体量、丰富建筑的环境、增强建筑气息、渲染气氛的作用。在建筑环境表现中，如果加入了人物、车辆等交通工具以及其他配景的点缀，会使得理性、坚硬的建筑少了几分机械之感，多了几分生动的灵气，使整个画面显得自然、完整、流动、富有朝气。但需注意的是，配景作为柔化环境，平衡画面的作用，配景中的人物、车辆以及公共设施的组合关系需要合理，要本着自然、和谐的原则，不宜处理得过多、过密，要恰到好处，有所取舍，切勿为了渲染气氛而喧宾夺主。

人物的表现分前景人物、中景人物，以及远景人物。根据这种由近及远的空间关系，人物表达的方法也是本着近处尽量刻画丰富，远处尽量整体、概括的原则。人物及车辆的画法如图 5-3-15~ 图 5-3-17 所示。

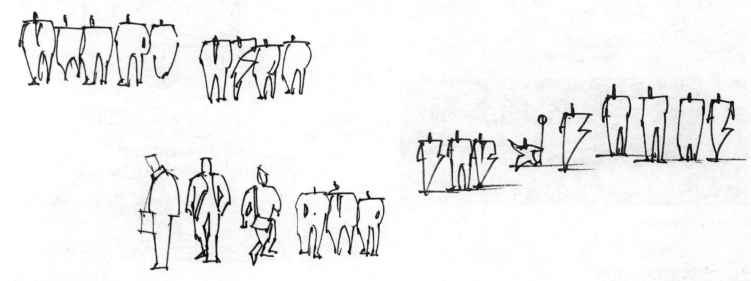

图 5-3-15 人物的画法

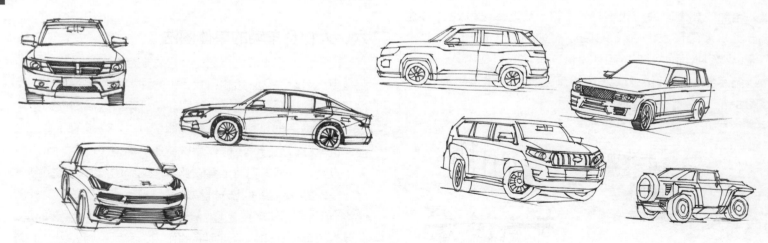

图 5-3-16 近景车辆的画法

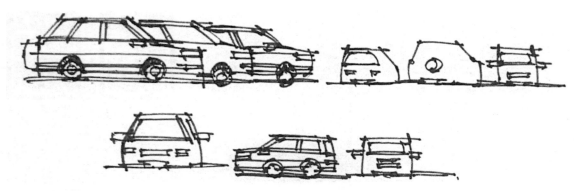

图 5-3-17 远景车辆的画法

七、景观小品局部画法

　　景观小品局部绘制时要注意树木和草地等各种植物配景的画面占有率比较高。根据方案设计情况，尽量突出与水有关的形式表现。强调近景路面的铺装形式。景观小品局部画法如图 5-3-18、图 5-3-19 所示。

微课视频

景观小品表现

5- 3-18 景观小品局部 -1

图 5-3-19 景观小品局部 -2

八、景观廊亭的画法

景观廊亭画法如图 5-3-20、图 5-3-21 所示。

手绘方案表现

194

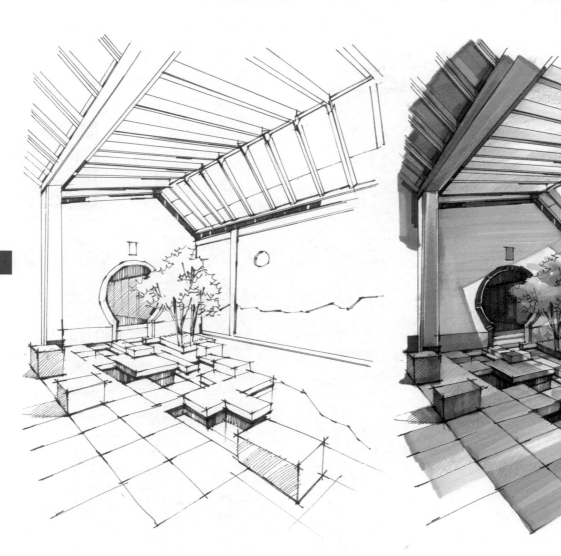

图 5-3-20 景观廊亭钢笔线稿　　　　　　　　　图 5-3-21 景观廊亭马克笔完成稿

任务实施

通过引入的中铁建花语堂合院案例，进行马克笔技法绘制景观环境表现，主要通过 6 个步骤完成中铁建花语堂合院表现的绘制。本案例中铁建花语堂合院本身是新中式风格的设计，既具有传统低调的田园般的意境，也有现代简约的时尚的生活。传统与现代的结合，尤其是传统建筑在手绘方案表现上本身就具有难度，加之是夜景表现，所以整个马克笔表现的建筑景观就更加复杂，在表现的同时，应敢于尝试、勇于创新。需要特别注意的是，在整个案例时间和空间上的把握和处理。

任务实施步骤

步骤 1：画线稿时，由于建筑本身的表现以及茂密的绿化景观比较复杂，画的时候要注意建筑与景观环境之间的比例关系、主次关系。通过光影的明暗处理来明确建筑与景观环境之间的关系，主观地将建筑周边的景观环境弱化。由于视点比较低，所以建筑的透视呈现的视角为仰视，在画线稿时一定要将建筑的主体透视表达准确。前景的乔木与中景的灌木以及石头、假山的处理要比例合理、准确。水中的倒影用笔不要过于僵硬，靠近建筑以及景观的倒影轮廓要尽量的清晰，远离建筑以及景观的倒影用笔应尽量的放松，处理时应做到近实远虚。中铁建花语堂合院钢笔线描稿如图 5-3-22 所示。

步骤 2：先用彩色铅笔渲染出建筑景观的夜景灯光效果，这个步骤需要注意，灯光颜色尽量选取暖色，这样才能烘托出夜幕下安静、祥和的环境氛围。同时需要注意的是，由于水面处于静止状态，所以受环境光影响，水面同样也要给予一定的光源反射。中铁建花语堂合院彩色铅笔稿如图 5-3-23 所示。

步骤 3：运用马克笔绘制第一遍颜色，主要给绿化铺

大色，需要注意区分绿化本身不同的色相。这时还要重点考虑光源的方向，如此复杂的图，如果光源混乱，会使画面效果减弱，建筑的主体性也会被削弱。同时，用马克笔渲染出屋顶挑檐的固有色以及光影颜色，并给予水面相应的固有色表现。水面的表现可以运用大量扫笔的笔触，勾勒出建筑在水中倒影的轮廓。中铁建花语堂合院马克笔建筑设色如图 5-3-24 所示。

图 5-3-22 中铁建花语堂合院钢笔线描稿

图 5-3-23 中铁建花语堂合院彩色铅笔稿　　　　　　　　图 5-3-24 中铁建花语堂合院马克笔建筑设色

步骤 4：渲染出周围景观环境的绿色植物、石头、水面以及倒影的固有色，用彩色铅笔补充渲染夜晚庭院灯光的环境色。处理建筑细节，突出画面整体效果。植物以及周边的环境景观也相应的增加细节表现，但是一定要弱于建筑的主体刻画。中铁建花语堂合院马克笔绿化及水面铺色如图 5-3-25 所示。

步骤 5：运用针管笔加重整个景观环境的明暗光影，增加画面的层次感与轮廓感。由于整个空间环境处于夜色渐暗的时空环境中，所以整个画面技法的表现就非常困难，既要考虑到整体色调的表达，又要照顾到表现的环境应尽量地清晰，所以在光影虚实的表现上，一定要恰到好处。大面积渲染天空以及对水体的环境色、建筑墙体的固有色的表现，加重绿化的暗部以及光影表现。中铁建花语堂合院马克笔深入刻画步骤如图 5-3-26 所示。

图 5-3-25 中铁建花语堂合院马克笔绿化及水面铺色

图 5-3-26 中铁建花语堂合院马克笔深入刻画

步骤 6：用彩色铅笔深入刻画建筑的细节，一丝不苟地丰富画面的环境色表现。并用马克笔为绿化增加其在墙面的光影效果。在刻画建筑与景观环境的实体表现的同时，也要注意和水中倒影的虚实对比关系。深入刻画石头、绿化以及倒影的塑造表现，用高光笔提白，以此来丰富画面的光感，突出夜景光的氛围感。最后用彩色铅笔深入刻画天空，突出天空的进深感，增加建筑与环境的空间维度。一张具有虚实对比、明暗对比的中式合院手绘方案表现图就完成了。中铁建花语堂合院综合技法完成稿如图 5-3-27 所示。

图 5-3-27 中铁建花语堂合院综合技法完成稿

练一练

运用马克笔及彩色铅笔等综合绘图工具，临摹一幅建筑景观手绘方案表现图，参考图如图 5-3-28~ 图 5-3-31 所示。

图 5-3-28 建筑景观手绘表现方案图线稿 -1

图 5-3-29 建筑景观手绘综合技法表现方案图 -1

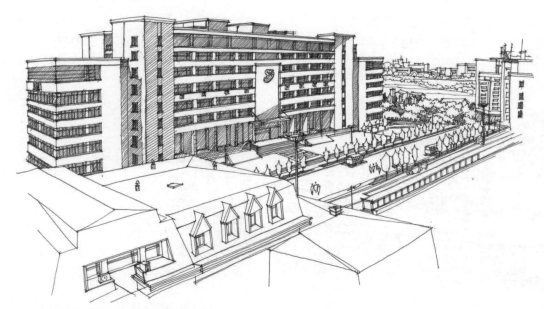

图 5-3-30 建筑景观手绘表现方案图线稿 -2

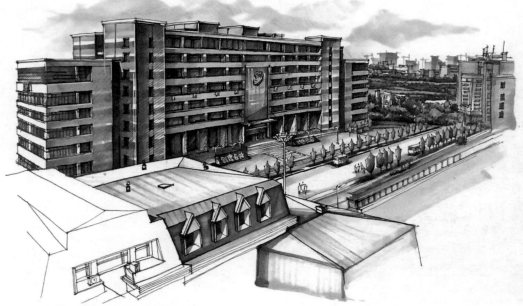

图 5-3-31 建筑景观手绘综合技法表现方案图 -2

▼ 项目总结

　　本项目引入企业设计推出的三个真实设计案例，以学习具体案例中的设计语言。通过融信中能·海月清风合院别墅项目，学习了负一层会客厅、书房、餐厅、两间卧室的马克笔综合技法的手绘表现，完成该项目的手绘方案表现图。通过金华山嘴头未来社区项目，结合相应的建筑表现透视原理，学习了建筑外观手绘表现的具体绘制步骤及方法。通过中铁建花语堂案例，可以学习景观中相应的绿化及其他配景的具体画法，建筑及绿化景观环境如何进行具体的协调表现，结合中铁建花语堂案例学习在手绘景观综合技法的上色技巧，以此来提高手绘在景观与建筑表现上的处理方式及综合表达。

思政园地 ▶

　　辩证思维、人文设计、绿色设计、环保设计，重视文化传承，设计扎根人民、服务人民。树立遵循质量标准的意识，有高度的责任心。规范使用绘图工具、文明维护绘图设施、具有精益求精的工匠精神，能够严格遵守国家职业技能标准，积极发挥创新能力，提升艺术审美，并逐步提炼出独特的手绘表达方法及手绘个性表达。

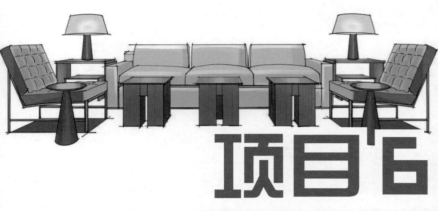

项目6

公共空间方案设计

项目导入

　　本项目来源于企业设计推出的真实设计案例，该项目根据苏州新希望锦麟芳华设计项目实景图、南京金地新力都会学府项目实景图、佛山卓越蔚蓝星宸销售中心项目实景图等，通过分析该案例的设计过程，学会使用 Procreate，应用 Procreate 绘制出公共空间方案效果图，从而熟练应用 iPad+ Procreate 进行数码手绘。完成会所空间设计表现、营销中心空间设计表现、儿童文娱空间设计表现。

学习目标

知识目标	1.能够识别 iPad+ Procreate 数码手绘绘图工具的操作界面。
	2.能够熟练应用 iPad+ Procreate 数码手绘绘图工具。
	3.能够熟练应用 iPad+ Procreate 数码手绘绘制公共空间方案。
能力目标	1.能够根据项目提供实景图，按步骤完成 iPad+ Procreate 数码手绘绘制会所空间设计表现。
	2.能够熟练运用 iPad+ Procreate 数码手绘绘制营销中心空间设计表现。
	3.能够熟练运用 iPad+ Procreate 数码手绘绘制儿童文娱空间设计表现。
素养目标	1.具备高尚的职业道德、严格遵守国家职业技能标准、具备精益求精的职业技能。
	2.具备审美能力、学习能力、合作能力，自主探索、积极创新意识。
	3.树立文化自信、具备高尚的人文素养、用辩证思维、脚踏实地研究设计。

项目实施

任务1
会所空间设计表现

手绘方案表现

任务描述

本任务所选的案例为企业设计推出的苏州新希望锦麟芳华项目实景图（图6-1-1），项目位于苏州金鸡湖中央商务区，在"一核四城"的园区核心，项目周边湿地资源丰富且配套成熟，为苏州精英人士带来置业优选。本案例的企业室内设计师面向目标客群的年轻化特征，寻找项目所在地意义的体现，希望在一方空间中呈现苏州城市的魅力与活力，将民间传统美术——苏绣与当代苏州标志建筑——东方之门作为设计线索，延伸线条与色彩作为元素，将中轴对称的空间表现得整体且层次递进。此次任务需要依据苏州新希望锦麟芳华项目实景图，画出实景图中的会所空间表现等内容，实景图如图6-1-1所示。

任务解析

此任务需要通过完成该项目案例学习iPad+ Procreate数码手绘概念、学习方法、iPad+Procreate界面介绍和基本操作方法、iPad+Procreate数码手绘设计流程、iPad+ Procreate数码手绘线条、体块技法及推导完成本项目数码手绘方案表现图。通过分析苏州新希望锦麟芳华项目实景图设计过程，学会对公共空间进行iPad+ Procreate数码手绘绘制，掌握从线稿阶段到着色阶段的绘制步骤，完成iPad+Procreate数码手绘方案表现图。

图 6-1-1 苏州新希望锦麟芳华项目实景图

一、iPad+ Procreate 数码手绘概念

Procreate 是目前最受全球数字艺术家偏爱、使用最为广泛的数字绘画应用之一，被广泛应用于插画、游戏设计、艺术设计等领域。Procreate 的工作界面看似简单，但在数字绘画中常用的功能（画笔调节、图层、切换、工具选择等）高度集成在界面两侧以及上方的按钮当中，为艺术家保留了最大化的绘画区域。并且，按钮的位置也适应平板设备的使用场景，艺术家在绘画中可以灵活使用触摸屏进行双手手势的操作，大大提高了工作效率。Procreate 的手势操作丰富、方便，常用的返回、重做、取色、翻转画布、粘贴等都可以通过不同的手势来实现，节省了大量的时间，真正实现了相对于桌面系统操作上的优化。

Procreate 目前仅提供 iOS 系统版本，包括供 iPad 平板电脑端使用的 Procreate，以及供 iPhone 手机端使用的 Procreate Pocket。Procreate 拥有完整的功能和内置画笔，而手机版本虽然受屏幕尺寸的限制，仍提供了大多数所需的功能，能够方便数字艺术家随时记录灵感，或完成数字作品的一般处理工作。因为 ipad 平板电脑端功能更为完整、强大，所以本次项目主要以 iPad 平板电脑端的 Procreate 为主进行介绍。

Procreate 是 iPad 平板电脑上最专业的绘图应用软件，Procreate 这款手绘应用软件，适用于环境艺术设计、室内艺术设计、家具艺术设计、公共艺术设计、展示艺术设计。即时产出艺术价值，iPad+Procreate 就是移动的艺术工作室，非常方便。

通过学习这款绘图软件，可以运用便捷的 iPad 平板电脑进行手绘快速表现，这种表现手段具有时效性，在施工现场就可以快速画出直观的设计图。Procreate 图标参考如图 6-1-2 所示，Procreate Pocket 图标参考如图 6-1-3 所示，Procreate 设计图如图 6-1-4 所示。

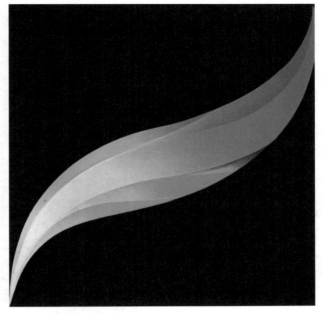

图 6-1-2 Procreate 图标

图 6-1-3 Procreate Pocket 图标

图 6-1-4 Procreate 设计图

图 6-1-5 Procreate 图库界面

二、Procreate 界面介绍和基本操作方法

与传统的 PC 端数字绘画软件相比，Procreate 的界面相当简洁，没有复杂的窗口和命令。但是，通过丰富的手势操作，仍然保证了功能的完整和较高的工作效率。

（一）界面分布

在 Procreate 的使用中，有两个主要的工作界面——图库界面、绘图界面。打开 Procreate，直接进入图库界面（图 6-1-5）。在这个界面当中，可以进行作品的建立、管理以及导入、导出等工作。

新建或选择打开一个文件后，进入绘图界面（图 6-1-6），所有的绘画工作都是在这个界面当中完成的。

图 6-1-6 Procreate 绘图界面

（二）文件管理界面

图库界面中有两种图标。一种是绘画文件的图标，即该图片的缩略图，代表单个绘画文件。从图标上可以看到作品的基本信息，包括该作品的缩略图、作品名以及作品的尺寸。Procreate 绘画文件图标如图 6-1-7 所示，缩略图下方可以看到作品名称——儿童文娱空间设计，文件尺寸为 420×297 毫米。

另一种图标（图 6-1-8）是由多张作品堆叠在一起组成的，代表这是一个包含多幅作品的文件夹。最上面的一张图片为文件夹中第一张作品的缩略图。图标下方则是文件夹的基本信息，包括文件夹名称以及目录中作品的数量。在本例中，文件夹图标最上面的图是一张座椅设计图，也就是该文件夹中的第一幅作品，下方的白色文字"单体家具"是这个文件夹的名字，最下方则表明了该文件夹中包含了11 个作品。

图 6-1-7 Procreate 绘画文件图标

图 6-1-8 Procreate 文件夹图标

用手指或触控笔按住图标不动，然后拖拽，即可拖动文件或文件夹，来改变它们的位置和顺序。在图标上从右向左滑动，则可以对文件或文件夹进行共享、复制或删除的操作（图6-1-9）。

如果要对多个文件进行批量操作，可以先点击图库界面右上角的【选择】按钮，然后逐个选择文件。通过使用共享命令，可以将作品导出为Procreate、PSD、PDF、JPEG、PNG、TIFF等多种图像文件格式。文件夹的操作与单个文件相同，在分享文件时可以一次性导出文件夹中的所有作品。单击图库界面右上角的【照片】按钮，可以在系统相册中选择一个图片，并以此文件为基础新建一个文件。在相册中选择的文件会直接导入文档中，文档的尺寸即为所选择图片文件的尺寸。

（三）新建画布

单击【＋】图标，可以新建一个空白的新文档。在新建菜单中，可以直接创建预设尺寸的画布（图6-1-10）。

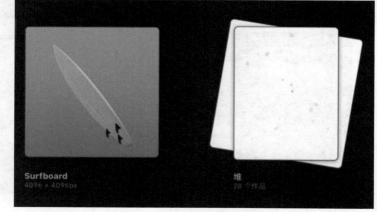

图 6-1-9 拖动绘图文件

图 6-1-10 新建画布

屏幕尺寸：与所用 iPad 设备的屏幕分辨率尺寸相同。

正方形：长宽相同的正方形画布，默认尺寸为 2 048×2 048 像素。

4K：4K 视频的尺寸。

A4：A4 纸张大小的文件，以毫米（mm）为单位。

4×6 照片：照片尺寸。

单击当前界面最下方的【创建自定义大小】按钮，可创建任意尺寸的画布（图 6-1-11）。

图 6-1-11 自定义画布尺寸

在这个菜单中，可以自定义画布的尺寸、DPI。在下方的菜单中，点击左侧【毫米】、【厘米】、【英寸】、【像素】等按钮，可在不同单位之间切换。同时，可以为当前画布设置命名，以便再次新建文档时使用相同设置。

（四）绘图界面详解

绘图界面中有三组主要的菜单。左上角的菜单是功能菜单，完成软件设置或图像调整的功能；右上角是绘图工具菜单，包括画笔、橡皮、图层等工具；左侧是画笔快捷设置，可以在绘画过程中快速设置画笔的属性（图 6-1-12）。

图 6-1-12 界面区域

1. 功能菜单

左上角的菜单，从左到右依次为图库、操作、调整、选择工具、变换工具。

（1）图库

点击即可回到图库界面。功能菜单如图 6-1-13 所示。

图 6-1-13 功能菜单

（2）操作菜单

包括图像、画布、分享、视频、偏好设置、帮助菜单。

图像：进行各类图片素材的导入和对当前图像的操作，如图 6-1-14 所示。

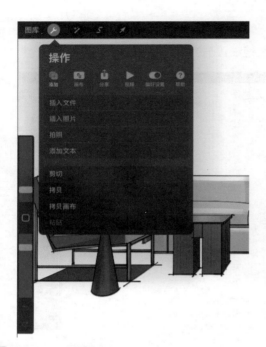

图 6-1-14　图像菜单

画布：包括画布的设置，创建与编辑参考线，水平、垂直翻转画布，当前画布的详细信息，如图 6-1-15 所示。

图 6-1-15　画布菜单

分享：将当前作品导出为多种格式的文件，如图 6-1-16 所示。

图 6-1-16　分享菜单

视频：绘画过程的录制与分享，如图 6-1-17 所示。

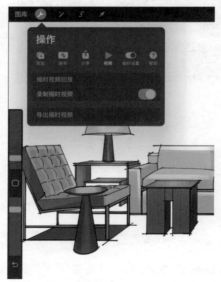

图 6-1-17　视频菜单

偏好设置：包括软件界面、画笔等各项详细设置，如图 6-1-18 所示。

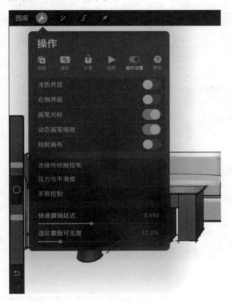

图 6-1-18　偏好设置菜单

帮助：新增功能、恢复购买、高级设置、客户支持、社区等辅助功能，如图 6-1-19 所示。

图 6-1-19　帮助菜单

2. 调整菜单

（1）调整菜单按照功能分为两个菜单组。上方菜单组的功能类似于 Photoshop 的滤镜，可以在已有图像的基础上，对其施加高斯模糊、动态模糊、透视模糊、杂色、锐化等效果，如图 6-1-20 所示。

图 6-1-20 调整菜单

色调、饱和度、亮度：分别对图像的这三个参数进行调整。

颜色平衡：对图像的不同亮度区域分别进行色彩的调整。

曲线：对图像的不同色彩通道进行调整。

渐变映射：选择图像中的某个颜色，并为其重新指定颜色。

（2）快捷设置

左侧的工具条包括画笔尺寸、画笔透明度、颜色、撤销和重做按钮，如图 6-1-21 所示。

点击画笔尺寸和画笔透明度的滑块，向上拖动滑块可加大画笔尺寸（提高透明度），向下拖动则缩小画笔尺寸（降低透明度）。点击颜色按钮，在画布上打开拾色器，可以选择画布上已有的颜色。

3. 绘图工具菜单

右上角的绘图工具菜单依次为：画笔、涂抹、橡皮、图层、颜色工具，如图6-1-22所示。

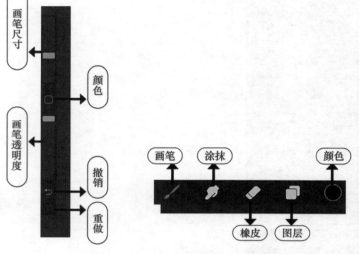

图 6-1-21 工具条　　图 6-1-22 右上角的绘图工具菜单

（1）画笔工具、涂抹工具与橡皮工具

画笔工具、涂抹工具与橡皮工具虽然功能不同，但由于都使用相同的笔刷和设置，所以使用方法大体相同，如图6-1-23~图6-1-25所示。

Procreate 的画笔很丰富，有绘图、着墨、书法、上漆等多种分类，每种分类中又有多个画笔可选择，并且每个都可以对画笔进一步的设置，如图6-1-26所示，也可以通过照片或自己创建的图像来自定义画笔。

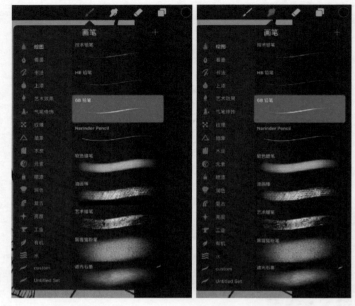

图 6-1-23　画笔工具　　　图 6-1-24　涂抹工具

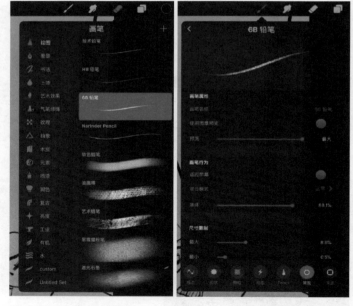

图 6-1-25　橡皮工具　　　图 6-1-26　画笔设置菜单

（2）颜色工具

界面右上角的彩色圆形图标，是 Procreate 的颜色工具，如图 6-1-27 所示。颜色工具的灵活使用，可采用【磁盘】、【经典】、【值】、【调色板】四种模式进行颜色的选择。

颜色面板右上角的两个色块之中，左侧色块为原选择颜色，右侧色块为正在选择的颜色。右侧色块与所取色同步变化，以此与原颜色进行对比。

在磁盘模式中，可通过外部色环来选择颜色的色相，通过内部的圆盘来选择颜色的饱和度和亮度，如图 6-1-27 所示。

经典模式与磁盘模式相似，可在下方的三个滑动条中对色相、饱和度、亮度分别调节，如图 6-1-28 所示。另外还有值模式、调色板模式。用户可以根据自己的用色风格和习惯创建自定义色板，提高工作效率。

图 6-1-27 磁盘模式　　图 6-1-28 经典模式

4. 图层工具

图层工具是数字艺术家在创作中最为常用的功能。它将画面分解成不同的元素色，并对作品分层创作，大大提高了艺术家创作的灵活性和效率。

图层可以理解为多个自上而下叠放在一起的透明玻璃或胶片。在默认情况下，除创建文件时默认的背景图层外，所有图层都是完全透明的。Procreate 图层采用自上而下排列的方法，上层的图像可以遮盖下层的图像（除非采用不同的图层叠加模式）。在 Procreate 中创建新文件时，会默认创建一个实色填充的【背景图层】—【背景颜色】，默认为白色，但此图层颜色可由用户自行选择。点击【背景颜色】层，则会弹出【颜色】面板，以改变此图层的颜色。

（1）图层面板

点击图层图标，弹出图层面板。通过图层面板，可以看到所需的图层信息。从左到右，每个图层都有缩略图、图层名、图层叠加模式、图层开关选项。

【缩略图】：本图层图像缩略预览。

【图层名】：图层名字，默认为【图层 1】、【图层 2】等，可自行更改。

【图层叠加模式】：当前图层与其之下图层的叠加、混合模式，通过选择不同的叠加模式，可使本图层与下面的图层进行不同形式的混合。

【图层显示开关】：打开或关闭图层显示。

（2）图层叠加模式

图层之间最基础的叠加方式为透明度。点击图层后方的【N】图标，展开图层的叠加属性。

下方的透明度滑动条，可调整图层的透明度。图层的透明度为 0 至 100%，数值越大图层越不透明，数值越低图层越透明。

除了透明度之外，还可以通过选择不同的叠加模式来实现不同的叠加效果。

Procreate 中的图层叠加模式分为变暗、变亮、对比度、不同、颜色五大类，每种分类中包括多个模式。

通过使用不同的叠加效果，艺术家可以更为方便地进行创作，还可以创造出更多的创作风格和创作方法。

点击右上角的【+】，可以创建新图层。

在图层上用手指或笔从右向左滑动，出现图层的操作按钮，可以对单个图层进行【锁定】、【复制】、【删除】操作，如图 6-1-29 所示。

图 6-1-29 操作图层

【锁定】：锁定本图层，锁定后不能再对图层内容进行任何操作。

【复制】：复制一个与本图层相同的图层。

【删除】：删除本图层。

点击图层的缩略图，弹出图层的操作菜单。

【重命名】：重新命名当前图层。

【选择】：生成以当前图层内容为范围的选区。

【拷贝】：将当前图层的内容拷贝到剪贴板，可通过选择"操作 – 图像 – 粘贴"进行粘贴。

【填充图层】：用当前选定的颜色填充本图层。

【清除】：删除本图层的内容，保留图层。

【Alpha 锁定】：用图层像素的范围来限定本图层的 Alpha 通道，锁定后只能在已有像素上进行绘画，如图 6-1-30 所示。

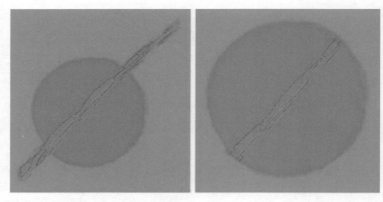

图 6-1-30 画在 Alpha 锁定范围内

【蒙版】功能与【Alpha 锁定】的效果相似，但蒙版层与绘制层的内容是分别进行绘制的，所以更为灵活。可以通过使用画笔、选择等工具更为灵活地调整蒙版层，从而调整绘制层的显示范围，如图 6-1-31 所示。

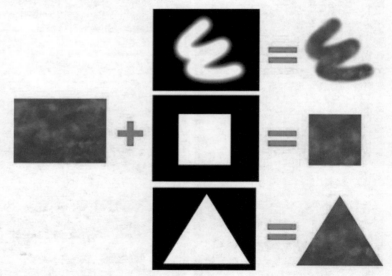

图 6-1-31 蒙版效果

【参考】：将当前所选图层设定为参考层。参考层是专门用来填色的工具，将某图层设定为参考层，即可以此参考层为依据，创建单独的填色层。一个文件同时只能有一个参考层，如想使用另外的图层作为参考层，则需先取消原来的参考图层。

【向下合并】：将当前层与其下面一个图层合并为一个图层。用两个手指分别放在上下两个图层上，然后向中间捏合，可以快速地将两个图层合并为一个图层。如果要合并多个图层，用两只手指放在最上面和最下面的图层上，然后向中间捏合，可合并为一个图层。

【向下组合】：将当前图层与其下面一个图层组合为一个新的图层组。在图层组中，两个图层仍保持相互独立。

（3）图层的导出

按住所选图层不动，然后向左拖动，将图层拖到【文件】窗口中。【文件】窗口中出现与 Procreate 中图层名字相同的图片文件。

5. 手势操作

为了适应移动设备的操作特点，Procreate 的界面较为简洁，许多常用功能在界面上并没有提供相应的按钮或命令，而是需要通过手势来实现。所以，要提高在 Procreate 中的工作效率，必须要熟练掌握手势操作。手势操作可在画布控制、绘制直线、取色、撤销与重做、填色、图层操作上进行辅助绘画。

三、Procreate 数码手绘线条及体块技法

Procreate 进行绘制时，可以根据画面需求进行相应设置，比如画笔的选择，勾线时多采用恰当的笔刷进行绘图，为了绘制过程中提高作图效率，可以在【操作】选项下【画布】中勾选【绘图指引】，编辑绘图指引为【透视】，进行辅助绘图，形成透视原理，可以在限定透视

规律的基础上进行作图，提高效率。绘图指引中设置二点透视，如图 6-1-32 所示，线条及体块表现如图 6-1-33 所示。

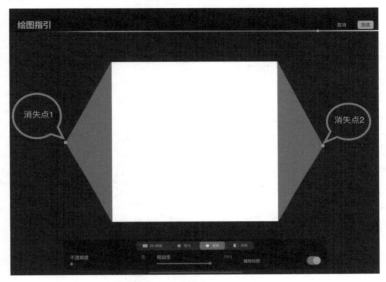

图 6-1-32 Procreate 绘图操作界面设置

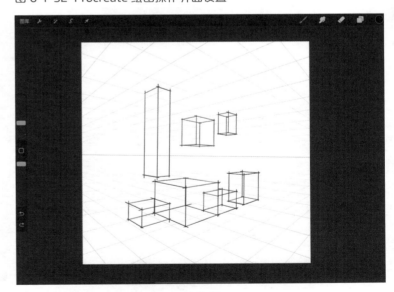

图 6-1-33 Procreate 线条及体块表现

赏析 Procreate 数码手绘图如图 6-1-34~ 图 6-1-42 所示，Procreate 数码手绘线条及体块技法可以扫描二维码观看。

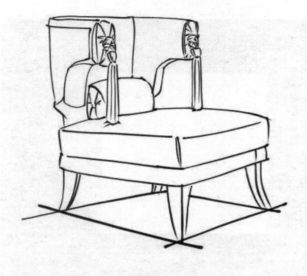

图 6-1-34 Procreate 数码手绘图 -1

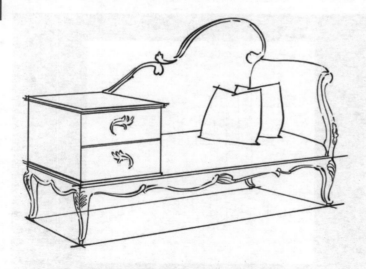

图 6-1-35 Procreate 数码手绘图 -2

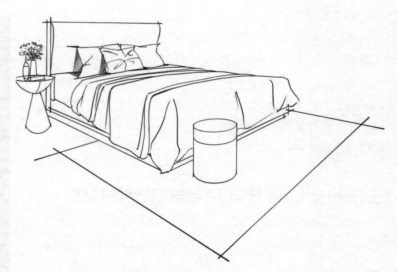

图 6-1-36 Procreate 数码手绘图 -3

图 6-1-37 Procreate 数码手绘图 -4

图 6-1-38 Procreate 数码手绘图 -5

图 6-1-39 Procreate 数码手绘图 -6

图 6-1-40　Procreate 数码手绘图 -7

图 6-1-41　Procreate 数码手绘图 -8

图 6-1-42　Procreate 数码手绘图 -9

掌握 Procreate 手绘线条及体块技法表现的一般规律和特点，掌握 Procreate 手绘线条及体块技法表现能力，同时提高自己的艺术感知能力和鉴赏能力。绘制过程也要发挥自己的创造性思维，学会举一反三，灵活应用技法，努力打好基础，与时俱进，在数字化时代的今天可以将传统手绘技能与数码软件有效地融合。

四、iPad+ Procreate 数码手绘室内局部空间

Procreate 提供了足够多的设置内容来帮助大家将其改造成专属于自己的工作台。可以先将某些设置调整到简洁的状态，在操作页面中，第五项为【偏好设置】。在【常规】选项中禁用触摸操作和禁用双指撤销、三指重做手势，是便捷的设置。可以减少一切简单手势有可能带来的误触风险。

另一个需要注意的是【速创图形】手势功能。这项功能可以将画出的上一笔线条变成可调整的规整几何图形，通常会用这项功能辅助绘制规整的椭圆或者平整的直线。

赏析 Procreate 数码手绘参考图如图 6-1-43~图 6-1-45 所示。Procreate 数码手绘室内局部空间可以扫描二维码观看。

iPad procreate 数码手绘室内局部空间

图 6-1-43 Procreate 数码手绘室内局部空间线稿

图 6-1-44 Procreate 数码手绘室内局部空间效果图 -1

图 6-1-45 Procreate 数码手绘室内局部空间效果图 -2

↓ 任务实施

通过引入的苏州新希望锦麟芳华项目案例，进行 Procreate 数码手绘会所空间效果图表现。主要通过如下步骤完成会所空间效果图的绘制。

绘制作品参考实景如图 6-1-1 所示。

任务实施步骤

步骤 1：首先确定好图面的透视原理，采用一点斜透视进行表现，确定好消失点位置。根据实景图用单线勾画出主体空间框架。主要墙面及棚面造型。刻画过程中可以开启绘图辅助功能的透视选项，提高作图效率和透视的准确性，如图 6-1-46 所示。

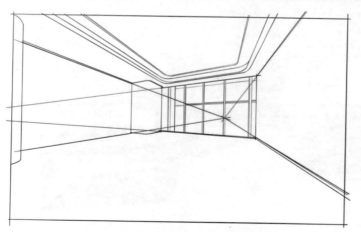
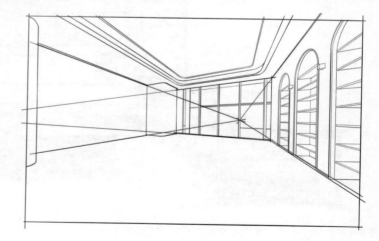

图 6-1-46 Procreate 数码手绘会所空间效果图表现线稿 -1

步骤2：选择恰当的笔刷进行勾线，注意区别不同材质线条的变化，线稿也是很重要的一部分，可以画细致一些，线条干脆、利落、线条衔接严谨，对后期的着色更方便快捷。重视细节刻画。绘制作品步骤如图6-1-47所示。

图 6-1-47 Procreate 数码手绘会所空间效果图表现线稿 -2

步骤3：继续深入勾画线稿，由局部到整体去表现，可以先画出主体家具部分中沙发的表现，笔刷可用直线与曲线交替变化，注意刻画沙发、地毯时，用随意、轻松的线条表现。线条利落，落笔循序渐进，绘制作品步骤如图6-1-48所示。

图 6-1-48 Procreate 数码手绘会所空间效果图表现线稿 -3

步骤4：勾线完成后，就可以开始构思初步的配色方案了。在我们的配色方案中经常使用色盘来调整能让画面色彩更加协调和平衡，如果需要在参考图片中选择一个颜色，可以将手指放在该参考图中需要拾取的颜色上，停留两秒钟，颜色就会自动吸附于色盘中，就可以进行填色了。填色前要建立多个图层，在不同的图层上分别填色，可以避免出错后不易修改的问题。

首先大面积铺填墙面及地面的主体颜色。在填好地面区域的色块后，我们需要在色块上添加地板纹理及亮部、暗部的处理，注意添加环境色。刻画时要把握整体、思考全面、绘制作品步骤如图 6-1-49 所示。

图 6-1-49 Procreate 数码手绘会所空间效果图表现着色稿 -1

如果不想将笔刷画出线轮廓外面，我们可以在当前图层中选择【Alpha 锁定】，这样锁定了图层之后就可以添加地毯的纹理及渐变的颜色了，通过切换不同笔刷产生需要的效果。绘制沙发时，可以先隐藏墙面及地面颜色所在的图层，单独绘制沙发，避免颜色干扰。吸取参考实景图片的沙发颜色时，先吸取偏中间色调的暖灰色，然后执行【Alpha 锁定】，在色盘中选择比这个灰度略深的颜色，用打底笔刷绘制暗部，再选择同色系的浅色，绘制高光部分，分区域填色，再执行【Alpha 锁定】，再添加暗部和亮部效果，完成主体沙发的绘制，绘制作品步骤如图 6-1-50 所示。

图 6-1-50 Procreate 数码手绘会所空间效果图表现着色稿 -2

接下来再绘制另一组沙发及沙发靠枕，注意颜色和周围环境色的调和。继续使用【Alpha 锁定】辅助绘图，绘制作品步骤如图 6-1-51 所示。

图 6-1-51 Procreate 数码手绘会所空间效果图表现着色稿 -3

步骤 5：接下来绘制墙面造型柜及陈设品，最后表现灯带效果。棚面上空盘旋环绕的苏绣红线带领直线造型灯具的延展，红线灵动盘旋，行动活泼，置身其中，感受设计的包容与艺术。精细刻画，完善效果图，绘制作品步骤如图 6-1-52 所示。

图 6-1-52 Procreate 数码手绘会所空间效果图表现着色稿 -4

练一练：

完成一幅 Procreate 数码手绘方案表现图的绘制，掌握 Procreate 数码手绘方案表现图的绘制过程。

根据 Procreate 数码手绘绘制要点，临摹如下实景图（图 6-1-53），效果图参考如图 6-1-54~ 图 6-1-56 所示。

图 6-1- 53 苏州新希望锦麟芳华项目实景图

图 6-1-54 Procreate 数码手绘表现线稿 -1

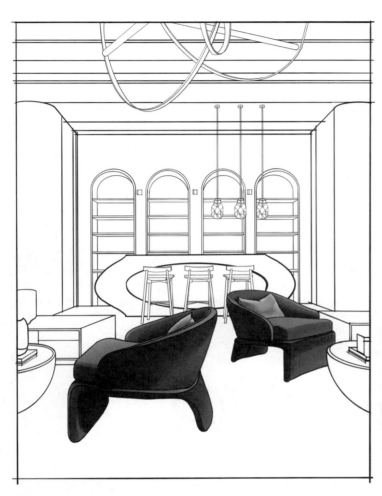

图 6-1-55 Procreate 数码手绘表现着色稿 -1

图 6-1-56 Procreate 数码手绘表现着色稿 -2

任务2

营销中心空间设计表现

任务描述

本任务所选的案例为企业设计推出的南京金地新力都会学府项目实景图（图6-2-1）。项目在一片水与森林包围的生态环境中，建筑空间采用与自然景观亲密互融的方式，将东方意蕴聚气于西式结构中，以现代建筑的线条语言，运用新现代主义的设计手法勾勒出东方意境的秩序。通透的建筑外观和拱形门穿插的室内造型，呈现出一种自然优雅的姿态，同时引发人们的畅想。张弛间透露出的力量和智慧，散发着原始而静谧的优雅美感，文化自信悠然升起。

此次任务需要依据南京金地新力都会学府销售中心样板间实景图，学会 iPad+Procreate 数码手绘新中式风格样板间设计表现、画出实景图中的营销中心空间设计表现等内容，实景参考如图6-2-1所示。

图 6-2-1 南京金地新力都会学府项目实景图

▼ 任务解析

此任务要通过完成该项目案例中 iPad+ Procreate 数码手绘新中式风格样板间的设计，熟悉 iPad+Procreate 数码手绘样板间平面布置图绘制流程。通过分析南京金地新力都会学府项目实景图设计过程，学会进行公共空间 iPad+ Procreate 数码手绘绘制方法，掌握从线稿阶段到着色阶段的绘制步骤，完成 iPad+Procreate 数码手绘营销中心空间设计表现图。

▼ 知识链接

一、iPad+ Procreate 数码手绘新中式风格样板间

iPad+ Procreate 数码手绘室内整体空间学习是以一个新中式风格样板间案例进行分析，再现设计过程。在提供的线稿图基础上，进行填色，掌握 Procreate 填色技巧。

随着国内装饰装修行业的发展，新中式风格设计近几年一直备受瞩目，虽然以宫廷建筑为代表的中国古典建筑室内装饰设计艺术风格气势恢宏、壮丽华贵、瑰丽奇巧，但中式风格的装修造价较高，且缺乏现代气息。而新中式风格，既运用传统文化的元素又兼顾现代人对生活的理解和追求，体现出现代的包容性和人文性。

众所周知，新中式风格的基本内容主要包括两方面，一是中国传统风格文化在当前时代背景下的演绎，二是对中国当代文化充分理解基础上的当代设计。新中式风格不是纯粹的元素堆砌，

而是通过对传统文化的认识，将现代元素和传统元素结合在一起，以现代人的审美需求来打造富有传统韵味的事物，让传统艺术在当今社会得到合适的体现，使中华优秀传统文化得到发扬。

本案的设计中，中国风的构成要素主要体现在传统家具（多以明清时期家具风格为主），装饰品以墨绿、米白为主色调。室内多采用对称式的布局方式，格调高雅，造型简朴优美，色彩浓重而成熟。本案使用了中式的屏风及窗棂，通过这种新的分隔方式，展现出中式家居的层次之美。Procreate 数码手绘新中式风格样板间线稿图如图 6-2-2 所示。Procreate 数码手绘新中式风格样板间效果图表现可以扫描二维码观看。

iPad procreate 数码手绘室内整体空间

图 6-2-2　Procreate 数码手绘新中式风格样板间线稿图

在线稿的基础上，开始构思初步的配色方案。在配色方案中，新中式风格家具多以深色为主，色彩搭配以灰色、白色、棕色为基调，在这个基础上运用墨绿、红、黄、蓝等作为局部色彩。家具色彩一般比较深，这样整个居室色彩才能协调。再配以黄色、暖灰色的靠枕、坐垫，可以

烘托客厅的氛围。填色的过程中要不断的新建【图层】，在新的【图层】上填色，之后再执行【Alpha 锁定】，在【Alpha 锁定】下进行切换笔刷，并做明暗处理。在色盘上拾取同类色。中式装饰材料以木质为主，还有大理石、壁纸、织物等，运用不同的笔刷来切换，得到较为逼真的效果。灯光的绘制要选择暖黄色。绘制过程中点按左上角的功能键，来进行【移动】和【水平翻转】，提高作图效率。对于新中式的窗棂和隔断，采用中式传统纹样做处理，先单独做出窗棂效果，然后再调整【透视】效果。对于墙面的颜色处理，要大面积铺渐变底色，让空间效果丰富。随时调节左侧功能键，更改笔刷大小。对于墙面的装饰画，可以预先准备好图片素材，将图片添加进来，再处理【图层】的【不透明度】和【正片叠底】效果，最终达到较好的视觉效果。

按照一定顺序逐步推进，完成家具的着色，包括主体沙发、单体沙发、边几等的绘制。如果是对称家具，可以先画出一个家具，然后利用对称的原理，执行【移动】【水平翻转】【对齐】等功能将操作变得简便，不用重复绘制。Procreate 数码手绘新中式风格样板间效果如图 6-2-3 所示、会所样板间线稿如图 6-2-4、图 6-2-5 所示。

图 6-2-3 Procreate 数码手绘新中式风格样板间效果

图 6-2-4 Procreate 数码手绘会所样板间线稿 -1

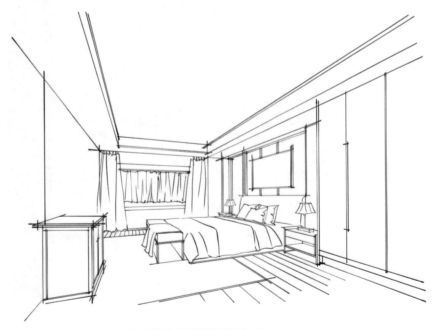

图 6-2-5 Procreate 数码手绘会所样板间线稿 -2

二、iPad+ Procreate 数码手绘住宅样板间平面布置图表现

iPad+ Procreate 数码手绘室内整体空间学习以一个普通住宅的平面布局案例进行分析讲解。根据提供的原始平面图,预先做好平面布局分析,做好平面布局规划。在平面布局线稿的基础上,进行填色,掌握 procreate 填色技巧。

整体空间的设计风格为现代简约风格,由于整体空间面积不大,所以布局要合理,根据现代年轻人的个人喜好,厨房做成开敞式外加西式吧台,中西合并的餐厅更具融合性。客厅面积有限,客厅餐厅融合在一个空间里面,没有做明显的分区。客厅、餐厅在一条直线上,客厅部分背面做了灯光加装饰造型,从视觉上让空间有个划分,具有归属感。丰富的灯光氛围满足不同的使用需求。视觉满却不拥挤。

定制的柜体电视背景墙,将客厅与卧室进行了功能分区。电视柜的另一侧则设计成了读写区或梳妆区,兼

微课视频 微课视频

iPad procreate **数码手绘住宅表现**

具了私密性与功能性以及实用性的统一。为了使空间具有收纳作用,单独间隔出了一个衣帽间,这样更具实用性。卫生间设备功能齐全。在完成平面合理规划之后,进行填色的环节。Procreate 数码手绘平面布置图如图 6-2-6 所示。Procreate 数码手绘平面布置图表现可以扫描二维码观看。

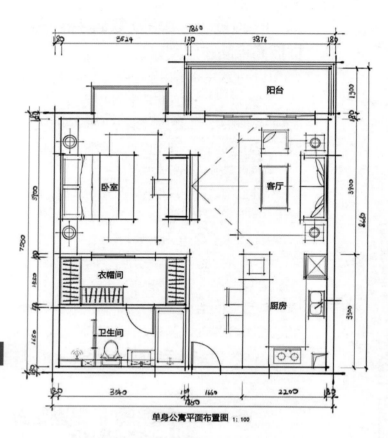

来绘制卫生间、衣帽间、阳台的地面，同样新建【图层】，填充灰色，再执行【Alpha锁定】，处理明暗后，运用大理石地面材质笔刷绘制。处理地毯材质，填充水体效果。处理灯光效果、台灯效果，完成之后，做出住宅平面布局图的整体阴影效果。最终调整方案，完成整体效果。在左上角的功能键上可以选择【图层】的【曲线效果】及【锐化效果】。Procreate数码手绘着色平面布置图如图6-2-7所示。

图 6-2-6 Procreate 数码手绘平面布置图

在线稿的基础上，填色之前要做好充分准备，考虑好家具的颜色及材质。在家具的表现上，为了突出视觉效果，可以用白色填充。在大面积的地面铺装上可以配以颜色表现。在水体处理效果上也可以添加表现水体的颜色。

在新建【图层】上，填充承重墙体颜色为黑色，非承重墙体为灰色。再新建【图层】，选择填充地面木质地板为棕色，然后执行【Alpha锁定】，添加打底笔刷增加暗部处理及亮部处理，再用表现地板的材质笔刷绘制。接下

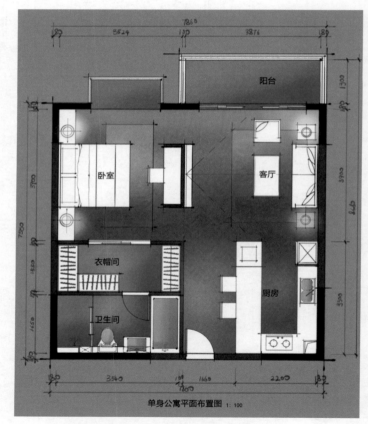

图 6-2-7 Procreate 数码手绘着色平面布置图

通过此案例的学习，学会 Procreate 数码手绘平面布置图表现的一般规律和特点，熟练画出 Procreate 数码手绘平面布置图，从而为后续的空间效果图做好前期的图纸准备。

任务实施

通过引入的南京金地新力都会学府项目实景图案例，进行 Procreate 数码手绘营销中心空间效果图表现。主要通过如下步骤完成营销中心空间表现图的绘制。

绘制作品实景如图 6-2-1 所示。

任务实施步骤

步骤 1：首先确定好图面的透视原理，采用一点斜透视进行表现，确定好消失点位置。根据实景图用单线勾画出主体空间框架。主要墙面及棚面造型。刻画过程中可以开启绘图辅助功能的透视选项，提高作图效率和透视的准确性，完成整体线稿的绘制，如图 6-2-8 所示。

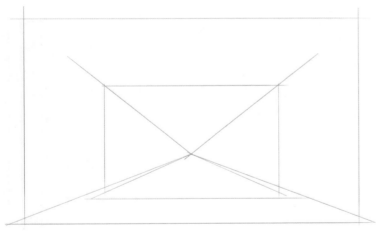

图 6-2-8 Procreate 数码手绘营销中心空间效果图表现线稿

步骤 2：选择恰当的笔刷进行墙体着色，注意区别不同材质线条的变化，光影也是很重要的一部分，书柜的陈设品可以刻画的细致一些，冷暖颜色的搭配，色彩效果丰富，绘制作品步骤如图 6-2-9 所示。

图 6-2-9 Procreate 数码手绘营销中心空间效果图表现着色稿 -1

图 6-2-9 Procreate 数码手绘营销中心空间效果图表现着色稿 -1 续图

步骤 3：继续深入着色，由局部到整体去表现，可以先画出主体墙面部分，笔刷可用直线与曲线交替变化使用，注意刻画墙面装饰画表现，绘制作品步骤如图 6-2-10 所示。

图 6-2-10 Procreate 数码手绘营销中心空间效果图表现着色稿 -2

步骤 4：刻画沙发、靠枕、地毯，在完成基础颜色填充后，注意执行【Alpha 锁定】，添加肌理效果。使沙发、靠枕、地毯材质看起来更为真实，绘制作品步骤如图 6-2-11 所示。

图 6-2-11 Procreate 数码手绘营销中心空间效果图表现着色稿 -3

步骤 5：在我们的配色方案中继续使用色盘来调整整体空间配色方案。让画面色彩更加协调和平衡，在填充好地面区域的色块后，我们需要在色块上添加地板纹理及亮部、暗部的处理，注意环境色的添加。刻画时要把握整体、思考全面，绘制作品步骤如图 6-2-12 所示。

图 6-2-12 Procreate 数码手绘营销中心空间效果图表现着色稿 -4

步骤 6：接下来绘制灯具及陈设品，最后表现灯光效果。直线造型灯具的延展，闪亮璀璨的灯光照明，置身其中，感受设计的包容与艺术。精细刻画，完善效果图，绘制作品步骤如图 6-2-13 所示。

图 6-2-13 Procreate 数码手绘营销中心空间效果图表现着色稿 -5

完成一幅 Procreate 数码手绘方案表现图绘制，掌握 Procreate 数码手绘方案表现图的绘制过程。

根据 Procreate 数码手绘绘制要点，临摹下图（图 6-2-14）。

图 6-2-14 Procreate 数码手绘效果图表现

任务3

文化空间表现

任务描述

    本任务所选的案例为企业设计推出的佛山卓越蔚蓝星宸销售中心项目实景图（图6-3-1）。城市与自然从来不是对立的，城市中人与自然的关系也并非局限于物质与现实层面，和谐共生一直在时光中流淌。本案例位于广东省佛山市顺德区，是著名的岭南水乡之一，也是著名的侨乡，文化艺术底蕴深厚，镌刻着深深的时代印记。典型的文化空间展现得淋漓尽致。此次任务需要依据佛山卓越蔚蓝星宸销售中心项目、南京金地新力都会学府项目实景图，使用 iPad+ Procreate 数码手绘画出效果图表现、洽谈空间设计表现、儿童文娱空间设计表现等内容，实景参考如图 6-3-1 所示。

图 6-3-1 佛山卓越蔚蓝星宸销售中心项目实景图

任务解析

通过实际操作完成该项目案例中 iPad+ Procreate 数码手绘洽谈空间设计表现图绘制、iPad+ Procreate 数码手绘儿童文娱空间设计表现图绘制。矩阵纵横作为本案例室内设计方，面向目标客群的年轻化特征，寻找项目所在地意义的体现，希望在一方空间中呈现城市的魅力与活力，将热气球造型吊顶灯作为设计线索，延伸线条与色彩作为元素，将中轴称的空间表现得整体且层次递进。

通过分析佛山卓越蔚蓝星宸销售中心项目实景图设计过程，学会进行文化空间 iPad+ Procreate 数码手绘绘制方法，掌握从线稿阶段到着色阶段的绘制步骤，完成 iPad+Procreate 数码手绘方案表现图。

知识链接

一、洽谈空间设计要点

（一）洽谈区

洽谈区的主要功能是提供一个交流洽谈的场所，洽谈区内需要设置几套舒适的桌椅，带给客户一种安逸舒适的感觉。有意向的客户可以进入洽谈区进行深度了解和沟通，所以洽谈区一般布置在模型区的旁边，是售楼部的重要区域，以开阔、整洁，易于小组团的沟通为好。景观可结合实地条件进行规划布局，但需要有极强的视觉冲击力和亲和力，景观设计中布置一定面积的水景能令空间更为灵动、清雅。

1. 功能作用：洽谈区宽敞明亮、氛围轻松、一般做成敞开式。洽谈桌椅要求舒适美观。洽谈区内或附近设置水吧，方便及时为客户提供饮料、茶点。墙面可做一

些展板（包括广告板、效果图等），充分展示项目形象。洽谈桌的布置应考虑客户洽谈时的适当距离。洽谈区要求面积较大，做成敞开式，在售楼处开辟出一区域即可。

2. 主要配置：洽谈桌椅、饮水机、纸杯、展板（包括广告板、效果图、销售进度表和证照之类的复印件）。洽谈桌椅尽量用圆桌或矮桌，最好运用圆桌，使客主无大小尊卑之别；运用矮桌，可减低客户的抗拒性，不要使客户的座位面向大门，否则易使客户分心。

（二）贵宾接待处（VIP 室）

对于一些重要客户或者成交意向明显的客户，售楼部还会设 VIP 贵宾区进行接待和洽谈。

1. 功能作用：接待贵宾等。

2. 主要配置：高档沙发、茶几一套。

（三）签约区

1. 功能作用：签约区则要求安静，干扰少，所以建议签约区隔成一间间独立的小房间。签约区要保持一定的私密性，以保护客户的隐私。

2 主要配置：签约区家具以较为正式的桌椅为宜，可配沙发。

对于洽谈、咨询、签约服务性的空间，设计师应该设计出温馨、亲切的空间环境。

二、iPad+ procreate 数码手绘洽谈空间设计表现

首先绘制 iPad+Procreate 线稿，在线稿的基础上，填色之前要做好充分准备，考虑好家具的颜色及材质。在家具的表现上，突出视觉效果，在棚面装饰材料采用的水波纹不锈钢材质上要注意细节的处理。

在新建【图层】上，填充墙体颜色为暖灰色。再新建【图层】，选择地面，填充大理石色纹理质感的笔刷效果，然后执行【Alpha 锁定】，添加大理石笔刷增加细节处理。接下来绘制沙发、茶几、

手绘方案表现

240

灯具、窗帘等，同样新建【图层】，填充颜色，再执行【Alpha 锁定】，处理明暗后，运用不同材质笔刷绘制。最终调整整体光影效果，完成整体方案。在左上角的功能键上可以选择【图层】的【曲线效果】及【锐化效果】。Procreate 数码手绘洽谈空间设计表现图如图 6-3-2、图 6-3-3 所示。

图 6-3-2 Procreate 数码手绘洽谈空间设计表现线稿

图 6-3-3 Procreate 数码手绘洽谈空间设计表现着色稿

三、儿童文娱空间设计要点

儿童文娱场所的设计目标是为儿童提供一个学习技能、拓展想象的空间，同时也是为儿童提供一个能与人交流，相互合作的场地，环境氛围轻松、愉快。设计要从儿童角度出发，儿童娱乐区应该设置儿童喜爱的玩具，同时做好安全措施，以防儿童受伤。

明亮的颜色会给儿童带来愉快的情绪。色彩的精心配置无疑是色彩设计创意的一部分。儿童往往喜欢丰富多彩的游乐设施，科学的色彩理念关键在于视觉效果。儿童游戏设施的色彩应当与周围环境相互协调，将游乐设施的色彩融合进周边环境的色彩之中。色彩鲜明但不能花哨。在一个场地里使用所有颜色的做法，是不可取的。

植物设计在儿童活动环境中非常重要，儿童游乐区绿化覆盖率应占到区域的70%以上。儿童好奇好探险，浓密的树丛可以吸引他们的进入，在带来游玩刺激性的同时，充分地接触大自然。当然我们要注意避免有毒、带刺和多病虫害的植物。同时要选择适宜室内栽植的植物。树形、花色、叶色，习性要满足孩子们的喜好，在突出表现植物景观的同时，增加孩子们体验、感受和认识自然的机会。对于儿童，植物是色彩的天堂、健康的空间和值得探索的神秘世界。小动物是儿童最好的伙伴。儿童文娱场所也需要恰当地引用小动物的元素进行设计。它们将一些自然常识潜移默化地渗透给孩子们，无意之中让孩子们受到生动的教育，比如生命是如何诞生、成长、繁衍等生物学方面的知识，再比如小动物的各种行为、表情的意义等动物行为学方面的知识，小动物真可谓是全科幼教。儿童通过和小动物的互动、玩耍、嬉戏，

使儿童从小就养成保护动物，热爱自然的好习惯。

总之，儿童文娱空间要通过环境与设计，来满足儿童的求知欲，激发他们的想象力，提高认知能力，促进人格发展。因此，在进行儿童室内文娱空间设计时，应突出实用性、趣味性、安全性、创新性，这样才能从多方位、多角度满足儿童需求，为儿童成长起到引导与启发作用。

iPad procreate 会所设计表现

四、iPad+Procreate 数码手绘儿童文娱空间设计表现

此任务主要训练 iPad+Procreate 数码手绘表现儿童文娱空间效果图的绘制技巧，了解儿童文娱空间效果图绘制过程，根据技法的特点，突出空间表现的主题，灵活使用 iPad+Procreate 数码手绘技法表现儿童文娱空间效果图。

首先绘制 iPad+Procreate 线稿，在线稿的基础上，填色之前要做好充分准备，考虑好儿童文娱空间恰当的颜色及材质。首先把空间色调确定，在色调上，选择了柔和的绿色作为主体颜色，用浅绿、中绿及深绿来调节明暗关系，画出家具固有色的部分，并突出光线的变化。用灰色及少量黑色渲染暗部阴影。在处理效果的时候，一定要快速、果断地运笔，让线条流畅。再逐层深入刻画，突出整体效果。

最后，我们为了增加整体环境效果，加入形态造型各异的小房子，增添了文娱空间的趣味性。对于开展新形式的儿童文娱空间设计，本案例极具艺术性，除了简约明亮的设计风格外，更重要的是要与众不同，开敞式的空间，构筑开阔的穿透视野，形成清亮明朗的空间架构。与众不同的设计，来自于细节的讲究，材质、色彩的选搭，在中庭摆放精美的小房子和摆件，使相同色系延伸

到植物上，打造色彩的自然神秘。

Procreate 数码手绘儿童文娱空间效果图如图 6-3-4、图 6-3-5 所示。Procreate 数码手绘儿童文娱空间效果图表现可以扫描二维码观看。

iPad procreate 儿童乐园设计表现

图 6-3-4　Procreate 数码手绘儿童文娱空间效果图表现线稿

图 6-3-5　Procreate 数码手绘儿童文娱空间效果图表现着色稿

任务实施

　　通过引入的苏州新希望锦麟芳华项目案例，进行 Procreate 数码手绘儿童文娱空间效果图表现。主要通过如下步骤完成儿童文娱空间效果图的绘制。

　　绘制作品实景图如图 6-3-1 所示。

任务实施步骤

　　步骤 1：首先确定好图面的透视原理，采用一点斜透视进行表现，确定好消失点位置。根据实景图用单线勾画出主体空间框架。主要墙面及棚面造型。刻画过程中可以开启绘图辅助功能的透视选项，提高作图效率和透视的准确性，如图 6-3-6 所示。

　　步骤 2：选择恰当的笔刷进行勾线，注意区别不同材质线条的变化，线稿也是很重要的一部分，可以刻画细致一些，线条干脆、利落、线条衔接严谨，对后期的着色更方便快捷。重视细节刻画，绘制作品步骤如图 6-3-7 所示。

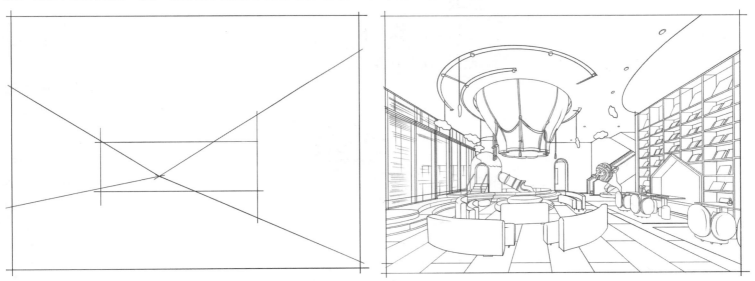

图 6-3-6　Procreate 数码手绘儿童文娱空间效果图表现线稿　　　　图 6-3-7　Procreate 数码手绘儿童文娱空间效果图表现线稿

　　步骤 3：继续深入，用铺色笔刷绘制棚面和地面，由局部到整体去表现，笔刷可用直线与曲线交替变化使用。线条利落，落笔循序渐进，注意冷暖颜色的搭配，绘制作品步骤如图 6-3-8 所示。

　　步骤 4：绘制主体沙发，沙发周围环境色及地面反光效果。注意笔刷的切换。笔触干脆、利落，绘制过程精益求精，绘制作品步骤如图 6-3-9 所示。

图 6-3-8 Procreate 数码手绘儿童文娱空间效果图表现着色稿 -1

步骤 5：大面积铺填造型墙及地面的主体颜色。在填好地面区域的色块后，我们需要在色块上添加地砖纹理及亮部、暗部的处理，注意环境色的添加。刻画时要把握整体，思考全面，绘制作品步骤如图 6-3-10 所示。

步骤 6：对于书架的展示效果填色，上色前要考虑好建立多个图层，在不同的图层上分别填色，最后要合并图层。在填好窗户玻璃区域的色块后，我们需要在色块上添加室外植物虚化的处理，注意环境色的添加，绘制作品步骤如图 6-3-11 所示。

步骤 7：接下来再绘制棚面热气球灯具造型及陈设品，最后表现灯带效果。棚面上空盘旋环绕的造型灯具的延展，仿佛热气球置于空中盘旋，生动活泼，置身其中，感受设计的包容与艺术。精细刻画，完善效果图，绘制作品步骤如图 6-3-12 所示。

图 6-3-9 Procreate 数码手绘儿童文娱空间效果图表现着色稿 -2

图 6-3-10 Procreate 数码手绘儿童文娱空间效果图表现着色稿 -3

图 6-3-11 Procreate 数码手绘儿童文娱空间效果图表现着色稿 -4

图 6-3-12 Procreate 数码手绘儿童文娱空间效果图表现着色稿 -5

练一练

完成一幅 Procreate 数码手绘方案表现图绘制，掌握 Procreate 数码手绘方案表现图的绘制过程。

根据 Procreate 数码手绘绘制要点，临摹参考如图 6-3-13~ 图 6-3-15 所示。

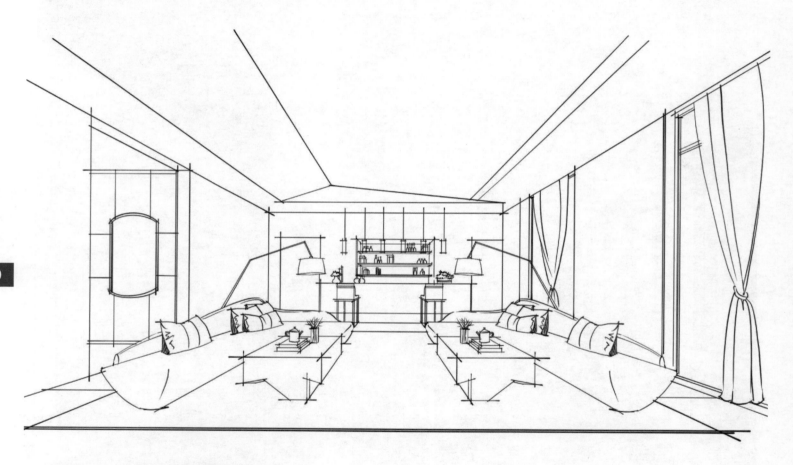

图 6-3-13 Procreate 数码手绘效果图表现 -1

图 6-3-14 Procreate 数码手绘效果图表现 -2

图 6-3-15 Procreate 数码手绘会所空间效果图表现着色稿

项目总结

本项目从学习 Procreate 入手，经过分析设计案例，应用 Procreate 绘制出公共空间方案效果图，熟练掌握 Procreate 的使用方法。完成会所空间设计表现图、营销中心空间设计表现图、儿童文娱空间设计表现图，取得最佳的画面效果。

通过本项目的学习，学生能够根据目前装饰装修行业岗位技能人才需求，确定学习 Procreate 数码手绘的学习目标，正确认识 Procreate 数码手绘学习的重要性。同时，为后续知识技能实施奠定了坚实的基础。

思政园地

能够根据设计项目，用辩证思维脚踏实地研究设计。树立创新意识、精益求精、锐意进取。遵循国家职业技能标准、遵守软件制图工具使用规范。